全国高等院校产品设计专业规划教材

Rhino
三维建模实例教程

张 崟 梁跃荣 主 编
李旭文 李灿熙 金元彪 副主编

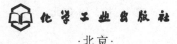

化学工业出版社

·北京·

本书全面介绍了 Rhino 5.0 的基础功能及其在产品设计中的具体应用。

本书采用循序渐进的方式对 Rhino 5.0 的常用命令及新功能进行深入讲解，重点介绍了 Rhino 5.0 的核心建模理念——NURBS 曲线与曲面的基本构成原理及其连续性的应用，并把 NURBS 曲线与曲面的基本特性融入到后续的案例制作部分。分别通过手机、耳机、音响、鼠标、剃须刀及手电钻等建模难度逐步加深的实际案例充分展示 Rhino 软件在产品设计中具体的建模理念、方法与操作步骤，让读者能够学以致用。

本书主要针对零基础读者编写，是入门级读者快速而全面掌握 Rhino 的必备参考书。

图书在版编目（CIP）数据

Rhino 三维建模实例教程/张銮，梁跃荣主编. —北京：化学工业出版社，2018.2（2022.7 重印）
全国高等院校产品设计专业规划教材
ISBN 978-7-122-31253-2

Ⅰ.①R… Ⅱ.①张…②梁… Ⅲ.①产品设计-计算机辅助设计-应用软件-高等职业教育-教材 Ⅳ.①TB472-39

中国版本图书馆 CIP 数据核字（2017）第 330449 号

责任编辑：李彦玲　　　　　　　　　　　　　文字编辑：张　阳
责任校对：边　涛　　　　　　　　　　　　　装帧设计：刘丽华

出版发行：化学工业出版社（北京市东城区青年湖南街 13 号　邮政编码 100011）
印　　装：涿州市般润文化传播有限公司
787mm×1092mm　1/16　印张 9 1/2　字数 216 千字　2022 年 7 月北京第 1 版第 5 次印刷

购书咨询：010-64518888　　　　　　　　　售后服务：010-64518899
网　　址：http://www.cip.com.cn
凡购买本书，如有缺损质量问题，本社销售中心负责调换。

定　　价：58.00 元

Rhino 是美国 Robert McNeel & Associates 公司开发的功能强大的专业三维造型软件，广泛用于产品设计、工业设计、建筑设计、科学研究、三维动画制作等领域。

为了使读者能快速掌握 Rhino 建模的理念与方法，笔者总结多年使用 Rhino 软件从事设计与设计教育工作的经验，编写了本书，以期通过循序渐进的讲解，从 Rhino 软件的基本操作、绘图、编辑到应用范例，详细诠释使用 Rhino 进行三维建模的方法和技巧。全书共分 9 章，主要包括 Rhino 基础操作、绘制图形、对象的操作、图形的高级绘制和编辑、创建和编辑曲面、创建和编辑实体、网格命令和渲染、尺寸标注和模型分析等内容，最后讲解了综合的设计应用案例。

本书由张釜、梁跃荣主编，李旭文、李灿熙、金元彪副主编，武汉摩登教育咨询有限公司相关人员、王祎参编。由于编写人员的水平有限，在编写过程中难免有疏漏，望广大读者不吝赐教，对书中的不足之处拨冗指正。

书后附有二维码，提供了所有实例的源文件，以便读者练习使用。

编者

2018 年 1 月

目
录

Rhino 基础知识 / 001

1

Rhino 基础知识

1.1

Rhino 的介绍

1.1.1 Rhino 的背景历史

Rhino 是由美国 Robert McNeel&Associates 公司在 1992 年针对 PC 开发的强大的专业 3D 造型软件。借助它，用户可以创建、编辑、分析和转换 NURBS 曲线、曲面与实体，并且在复杂度、角度以及尺寸方面没有任何的限制。Rhino 是一款基于 NURBS（Non-Uniform Rational B-Spline，即非均匀有理 B 样条曲线）曲面建模的三维软件。其开发人员基本上是原 Alias（开发 Maya 的 A/W 公司）的核心代码编制成员。

自从 Rhino 推出以来，无数的 3D 专业制作人员及爱好者都被其强大的建模功能深深迷住。在 Rhino 3D 的世界里，曲线、曲面、实体等三维对象通过数学计算准确定义，表现力极其优秀。

而它发布初期，并没有得到广泛的关注，只有一些动画、产品设计师对其感兴趣。事实上，在动画的领域，3ds Max 和 Maya 表现力更加优秀，它们均采用多边形细分建模技术，建模效率高，设计动画效果也更加厉害！所以，Rhino 渐渐淡出了动画设计领域。但是它也拥有与众不同的优点，它能轻易整合 3ds Max 与 Softimage 的模型功能部分，对要求精细复杂的 3D Nurbs 模型具有点石成金的效果。现如今，它简单的操作方法、可视化的操作界面在珠宝、建筑、鞋类、汽车以及船舶、航空器设计领域中受到了更多用户的青睐。

在2007年3月，Rhino发布了4.0版本，到如今的5.0版本，Rhino经历了一代又一代的更新，已经具备了数百个新功能，并内置800多个工具。

1.1.2 Rhino的优点

Rhino是一款专业的3D建模软件，拥有高品质的曲面与精确建模能力，具有易学易用的用户界面，支持图标操作方式，也能够直接接受操作者的文本指令，具有多种卓越的显示模式与记录建构历史功能，可以通过鼠标操作轻松地完成物件三维建模！

如今，除了Windows系统，Rhino还支持多种平台，例如它在Apple Mac OS X系统中也可以完美地运行。

Rhino更多的优点表现在，首先它不像Maya那些"贵族"软件，在高配置的环境下才能运行，Rhino只需"平民化"的配置就可以带动它。其次，它不像其他三维软件，安装需要几百兆，Rhino全部安装完毕不超过100兆。因此，它着实诠释了"麻雀虽小，五脏俱全"。不过不要小瞧它，它包含了所有的NURBS建模功能，并且由于引入了Flamingo及BMRT等渲染器，其图像的真实品质已非常接近高端的渲染器。再次，Rhino不但用于CAD、CAM等工业设计领域，更可为各种卡通设计、场景制作及广告片头打造出优良的模型，并以其人性化的操作流程和可视化的操作界面让设计人员爱不释手，而最终为学习Solid Thinking及Alias打下一个良好的基础。所以，从设计稿、手绘到实际产品，或者只是一个简单的构思，Rhino所提供的曲面工具都可以精确地制作所有用来作为渲染表现、动画、工程图、分析评估以及生产用的模型。总之，Rhino 3D是三维建模高手必须掌握的具有实用价值的软件。

Rhino自推出以来，一直秉承经济实惠的价格策略与专业级的建模技术，并且拥有11种语言版本在全球70多国家销售，是一款名副其实的"平民化"高端软件。其性能卓越，价格实惠，性比价超高，使得无论是3D建模高手还是专家级设计人员，都被其深深地吸引！

1.1.3 Rhino超强的兼容性

Rhino具有超高的文件兼容性，它支持约35种文件保存格式，可导出的文件格式如图1-1所示。

导入文件时，Rhino支持的文件格式约有28种，可导入的格式（图1-2）几乎兼容了现存所有的CAD数据，Rhino优秀的文件兼容能力方便用户把Rhino建模出的数据导入其他程序或者从第三方程序导入建模数据进行加工处理，同时也进一步拓宽了Rhino的应用领域。

Rhino 5 3D 模型(*.3dm)
Rhino 4 3D 模型(*.3dm)
Rhino 3 3D 模型(*.3dm)
Rhino 2 3D 模型(*.3dm)
3D Studio (*.3ds)
ACIS (*.sat)
Adobe Illustrator (*.ai)
AutoCAD Drawing (*.dwg)
AutoCAD Drawing Exchange (*.dxf)
COLLADA (*.dae)
Cult3D (*.cd)
DirectX (*.x)
Enhanced Metafile (*.emf)
GHS Geometry (*.gf)
GHS Part Maker (*.pm)
Google Earth (*.kmz)
GTS (GNU Triangulated Surface) (*.gts)
IGES (*.igs; *.iges)
LightWave (*.lwo)
Moray UDO (*.udo)
MotionBuilder (*.fbx)
OBJ (*.obj)
Object Properties (*.csv)
Parasolid (*.x_t)
PDF (*.pdf)
PLY (*.ply)
POV-Ray (*.pov)
Raw Triangles (*.raw)
RenderMan (*.rib)
SketchUp (*.skp)

STEP (*.stp; *.step)
STL (Stereolithography) (*.stl)
T-Splines Isogeometric Analysis Files (*.iga)
T-Splines Mesh Files (*.tsm)
T-Splines Scene Files (*.tss)
VDA (*.vda)
VRML (*.wrl; *.vrml)
WAMIT (*.gdf)
Windows Metafile (*.wmf)
X3D (*.x3dv)
XAML (*.xaml)
XGL (*.xgl)
ZCorp (*.zpr)
点 (*.txt)

图1-1

Rhino 3D 模型 (*.3dm)
Rhino 分工工作(*.rws)
3D Studio (*.3ds)
Adobe Illustrator (*.ai)
AutoCAD Drawing (*.dwg)
AutoCAD Drawing Exchange (*.dxf)
DirectX (*.x)
Encapsulated PostScript (*.eps)
Geomview OFF (*.off)
GHS Geometry (*.gf; *.gft)
GTS (GNU Triangulated Surface) (*.gts)
IGES (*.igs; *.iges)
LightWave (*.lwo)
MicroStation (*.dgn)
MotionBuilder (*.fbx)
NextEngine Scan (*.scn)
OBJ (*.obj)
PDF (*.pdf)
PLY (*.ply)
Raw Triangles (*.raw)
Recon M (*.m)
SketchUp (*.skp)
SLC (*.slc)
SolidWorks (*.sldprt; *.sldasm)
STEP (*.stp; *.step)
STL (Stereolithography) (*.stl)
T-Spline Mesh Files (*.tsm)
T-Spline Scene Files (*.tss)
VDA (*.vda)
VRML (*.wrl; *.vrml)

WAMIT (*.gdf)
ZCorp (*.zpr)
点 (*.asc; *.csv; *.txt; *.xyz; *.cgo_ascii; *.cgo_asci; *.pts)
所有兼容的文件类型 (*.*)

图1-2

1.1.4 Rhino采用了灵活的插件机制

Rhino采用了灵活的插件机制，弹性高，用户可以根据自身需求自由选择并添加新的功能，以满足用户个性设计的需要。在常见的插件中，比较有代表性就有T-Splines（建模插件）、Rhinogold（珠宝插件）、Rhinoshoe（鞋类设计插件）、Vary for Rhino（渲染插件）、Flamingo（火烈鸟渲染）、Brazil（巴西渲染）、Grasshopper（草蜢参数化）以及Bongod（动画插件）等。这些不同领域中的插件功能强大，极大地增强了Rhino的功能性。

1.2

Rhino 5.0工作界面全面讲解

1.2.1 Rhino 5.0默认界面介绍

图1-3为Rhino 5.0的默认主界面，主要由标题栏、菜单栏、指令栏、标准栏、工具列、状态栏、属性对话框以及工作视窗组成。其中，工作视窗标题是工作视窗组成的一部分。

① 标题栏：用于显示文件名，包含文件存储路径的标题。

② 菜单栏：按照菜单将Rhino的工具指令归类以及将插件归类，如图1-4所示。

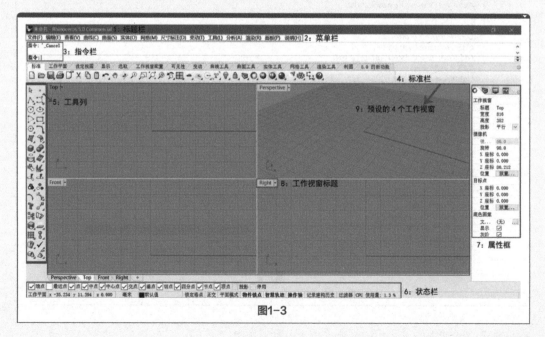

图1-3

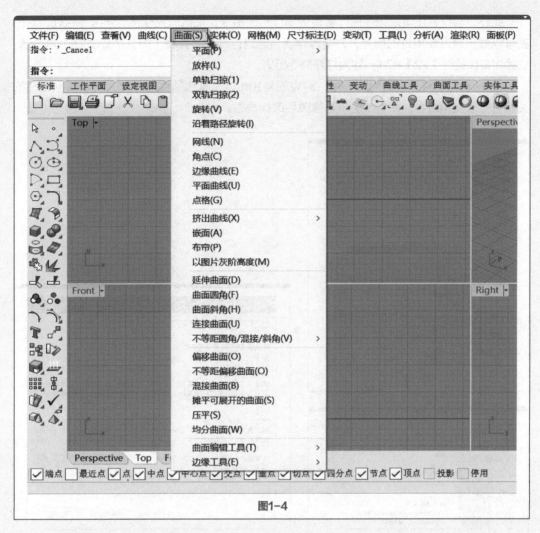

图1-4

③ 指令栏：是Rhino建模中需随时观看的栏目。它的主要功能为指令别名的输入，显示当前命令的执行，提示下一步的操作，所需操作数值的输入，参数的选用，显示执行命令的结果或提醒操作失败的原因等。并且，许多工具还在指令栏中提供了相应的选项，在指令栏中的命令选项上单击其选项即可改变其选项的指令。执行命令后，需要搭配某些参数才能达到目标，而此时只能通过命令栏进行改变，操作方式可以直接打入参数字母或使用鼠标点击。如图1-5所示。

指令：_Circle

圆心（ 可塑形的(D)　垂直(V)　两点(P)　三点(O)　正切(T)　环绕曲线(A)　逼近数个点(F) ）：

图1-5

此外，指令栏还具有指令查找功能，它就像一本"新华字典"一样，在输入命令的时候，只需要输入前缀字母，就会列出具有相同前缀的命令可供选择。如图1-6所示。

　　此外，指令栏还可以记住操作者最近操作过的指令，把鼠标光标移动到指令栏处，右击就可以显示最近使用过的指令，方便操作者快速进行操作与查看（图1-7）。如图1-8所示，此操作与快捷键【F2】相同，均为打开指令历史。

　　④ 标准栏：属于工具列的一种，对应的是Rhino工具和插件的分类，可以根据自己的习惯进行改变和命名，图1-9所示为修改后的标准栏。

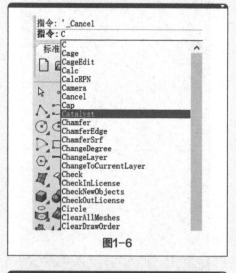

图1-6

图1-7

图1-8

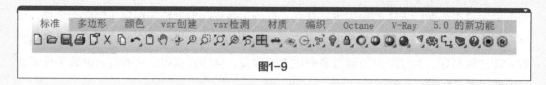

图1-9

　　⑤ 工具列：Rhino默认显示的工具列包含了标准栏以及工具列边栏。将鼠标光标移动到工具列的指令上，将会显示出该指令的名称。在Rhino中，很多指令按钮集成了两个指令，点击鼠标左键和鼠标右键具有不同的指令。并且，工具列中指令按钮图标的右下角带有小三角符号，此符号表示该按钮指令下面还隐藏着多个按钮，在图标上按住鼠标左键不放即可显示其隐藏的按钮。如图1-10所示。

　　⑥ 状态栏：显示坐标系统、光标状态、图层、建模辅助系列和CPU使用量等信息。如图1-11所示。

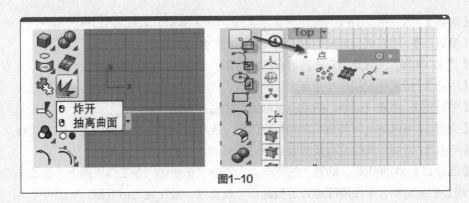

图1-10

图1-11

【坐标系统】：单击坐标系统即可在【世界坐标】和【工作平面坐标】之间进行切换。

【光标状态】：即时显示当前的X、Y、Z坐标的位置，需注意的是，数值的显示是基于左边的坐标系统。

【图层】：单击该图标，即可弹出图层快捷编辑面板，以便快速地编辑物件的颜色，查看其所在的图层并进行切换，以及进行图层颜色显示设置等。

【建模辅助系列】：此项目中选项的字体为光亮显示，且字体较粗时表示为激活状态，正常显示时为关闭状态。

建模辅助系列详解A：【锁定格点】，顾名思义是锁定格点的意思，即在激活状态时可以限制鼠标光标的移动只能在视窗中格点上，这样可以保证图纸的精确程度，但是也会给操作带来一定的限制。

建模辅助系列详解B：【正交】，激活状态时可以用来保持水平和垂直捕捉。【Shift】键可以暂时停用或开启正交。

建模辅助系列详解C：【平面模式】，在开启的状态下进行三维绘图可以迫使鼠标的坐标位置保持在鼠标坐标点击的最后工作深度，需注意的是，开启的捕捉模式能即时改变其深度。

建模辅助系列详解D：【物件锁点】，使用频率极高的一个建模辅助项，在建模过程中用来帮助捕捉物件对象。如需捕捉某个点，在开启的状态下，在所要捕捉的那个点前面勾选即可（图1-12）。

物件锁点

✓端点	最近点	✓点	✓中点	✓中心点	✓交点
✓垂点	✓切点	✓四分点	✓节点	✓顶点	投影
停用					

图1-12

【端点】：可以捕捉曲线的两端与复合全线中线段的端点以及曲面边界的端点。

【最近点】：用来捕捉离光标附件距离最近的曲线或者曲面边缘的点。

【点】：顾名思义就是用来捕捉所有的点对象，包含控制点和编辑点。

【中点】：用来捕捉线段与曲面边缘的中点。

【中心点】：用来捕捉圆、椭圆以及圆弧的中心点与重心。

【交点】：可以捕捉两条曲线之间相交的点（视角交点）以及编辑状态下的结构线交点。

【垂点】：直线、曲线或者是曲面边缘的垂直点。

【四分点】：捕捉正圆、椭圆上的四分点。四分点在曲线则是工作平面上X轴或Y轴任意平行线上的相切点，也是局部地方的最高点、最低点、最左侧与最右侧。

【节点】：可以捕捉曲线与曲面边缘上的节点位置。

【顶点】：一般而言就是可以捕捉网格对象的顶点。

【投影】：投影到工作平面的意思。例如，在使用【控制点曲线】进行绘图的时候，若开启【投影】项，则绘制的曲线会自动吸附到工作平面上。

【停用】：顾名思义就是停用所有的捕捉功能。

建模辅助系列详解E：【智慧轨迹】用来在Rhino建模中建立临时性的辅助线或者点。

建模辅助系列详解F：【操作轴】是Rhino 5.0新增的辅助建模工具，可以通过操作轴对物件对象进行辅助性的移动、旋转和缩放等操作（图1-13）（详细介绍在本书常用的物件编辑指令章节）。

建模辅助系列详解G：【记录建构历史】，正如名称所说，记录的是构建的历史。打个比方，如画一条线，然后使用旋转成形得到一个曲面，曲面就是由最初的那条线通过旋转成形得到的，请注意这一点，一旦打开那条曲线的控制点，曲面也会随之改变。而打开曲面的控制点则会破坏它们之间的关系。它们之间存在着子物件与母物件之间的关系。在【记录构建历史】的面板上点击鼠标右键会弹出记录构建历史的菜单供选择。

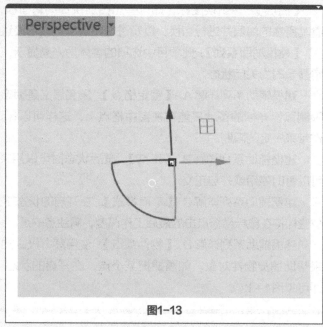

图1-13

图1-14

建模辅助系列详解H：【过滤器】，即在选取【过滤器】中勾选的物件类型才可以被选取（图1-14）。

建模辅助系列详解I：【CPU使用量】，显示目前的内存使用

量、可用的物理内存以及CPU使用率、绝对公差
与距离上次保存过的时间等信息。

⑦【属性框】：又名对话框，包含属性框、图
层框，可以进行物件的对应属性和图层管理等。

⑧【工作视窗标题】：是视窗中下分的一个
栏目，可以修改单独视窗的各种显示模式，并进
行视窗划分等操作。右键单击可以弹出下拉的
菜单，里面包含了有关的视图显示、操作配置
等选项（图1-15）。

⑨【预设的四个工作视图】：Rhino建模
操作与模型的显示都是在视图中完成的。工作
视图包括了物件、工作视窗标题、背景以及工
作平面的格线和世界坐标图示。在Rhino默认
的状态下，Rhino界面分为【Top（顶视图）】
【Perspective（透视图）】【Front（前视图）】
以及【Right（右视图）】4个视窗，读者可以
根据需要，使用鼠标右击工作视窗的标题，在
弹出的具体项目名称中增加、减少或重新命名
视图（图1-16）。

图1-15

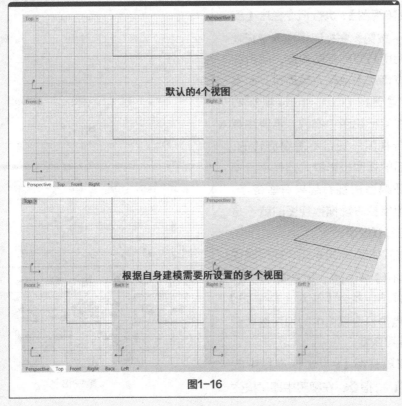

图1-16

1.2.2 Rhino 5.0工作视图的操作与常用显示模式的修改

（1）Rhino 5.0工作视图的操作

【工作视图】：在Rhino中，每一个工作视图都代表一个摄像机，具有工作平面以及透视视窗。在工作视窗的标题上单击鼠标右键，在弹出的菜单中下拉找到【工作视窗属性】选项并点击。在这个对话框中，可以根据自身需要设置视窗的投影模式为平行或者透视。而Rhino中默认的【Top（顶视图）】【Front（前视图）】【Right（右视图）】为平行的，如图1-17所示。

视图的操作较为简单，主要分为3种，【平移视图】、【旋转视图】和【缩放视图】。

①【平移视图】：点击标准栏中的【平移视图】🖐指令，在视图中按住鼠标左键进行拖拽可以平移视图。同理，在视图中直接按鼠标右键进行拖拽也可以平移视图。而需要注意的是，直接右击鼠标只对【平行视图】有用，在【透视图】中，则需要搭配键盘上的【Shift】键与鼠标右键。相比而言，这样有助于提高工作效率。

②【旋转视图】：执行指令栏中【旋转视图】➕按钮，在视图中拖拽鼠标就可以旋转到所需要的视图角度。或者在透视图中直接点击鼠标右键即可。而平行视图则需要按【Ctrl+Shift+鼠标右键】才能在平行视图中拖拽。需要注意的是，平行视图一般是不需要旋转的，因为旋转后的视图投影模式还是平行模式，会导致模型透视看起来有些奇怪，而此时再用鼠标右键拖拽视图时就不是平移而是选择视图了。

恢复方式如图1-18所示，在标准栏中找到【视图】▣指令，单击鼠标右键，在下拉出菜单中找到【正对工作平面】⬆，或者点击设定视图中的视图选项重新定义，即可恢复。

③【缩放视图】：点击标准栏中的【动态缩放】🔍指令，在视图中即可按住

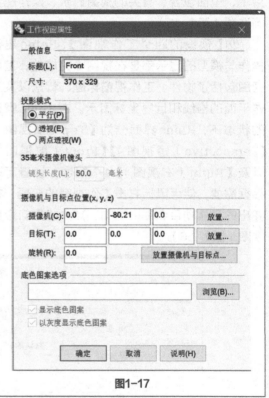

图1-17

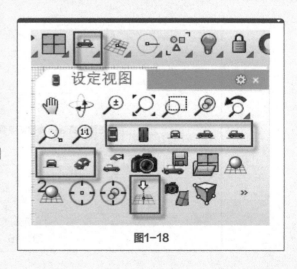

图1-18

鼠标左键进行缩放视图。在实际操作中，为了节约时间，我们可以直接使用【Ctrl+ 鼠标右键】进行缩放，无需点击指令按钮。

A.【框选缩放】：执行标准栏中的【框选缩放】指令，按住鼠标左键并划出相应的矩形范围，视图会把框选中的范围进行放大，此操作可以很好地对模型进行某个细节的检查。

B.【缩放至最大范围】：相对于【框选缩放】指令而言，【缩放至最大范围】指令则便于对整体模型的观察，即将该视图中所有的模型调整到该视图所能容纳的最大范围。

C：【缩放至选取的物件】：选取所要缩放的模型物件缩放至该视图的最佳大小。此操作与【缩放至最大范围】指令具有相同效果。唯一的不同就是，【缩放至选取的物件】需先选择模型物件。

D：【单一视窗最大化】：在Rhino默认中双击视图标题即可最大化窗口，同时也可以设置成单击最大化。具体操作步骤是，执行标准栏中的【选项】按钮，在弹出的对话框中找到【视图】这一选项，然后点击，接着勾选【单机最大化】即可（图1-19）。

图1-19

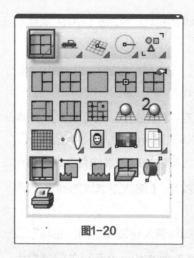

图1-20

图1-21

或者，在标准栏中找到【四个工作视图】，右击鼠标弹出子指令，再点击【工作视窗控制列】，在指令栏中点击显示即可（图1-20）（更为快速的方法是，可以设置视图最大化的指令别名，后面章节会详细教大家如何设置指令别名）。

（2）常用显示模式的修改

Rhino中常用的显示模式有线框模式、着色模式以及渲染模式。每个独立的视窗都可以有独立的显示模式。Rhino中有8种的显示模式可以选择（图1-21），同时也支持用户对默认的显示进行修改或增加。相对于4.0，工程图模式、艺术风格模式为Rhino5.0新增加的。

所有的模式设置都可以在【选项】 —【视图】—【显示模式】里面进行用户偏好设置。在此笔者建议修改【线框模式】和【着色模式】，因为这两种显示模式是进行建模绘图时最常用的，且可以让操作者清晰地识别曲面的正反面，判断曲面的部分属性以及分面情况。如此我们便可以对Rhino自带的默认值进行优化。

【线框模式】：建议修改其背景为稍微光亮的颜色。对于曲线以及曲面边缘线宽、控制点，建议稍微修改放大，便于观察及美化背景（图1-22）。

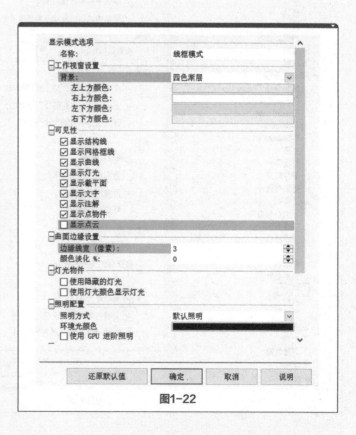

图1-22

【着色模式】：建议修改曲面的正反面颜色，并将曲线及曲面边缘线宽、控制点放大（图1-23）。

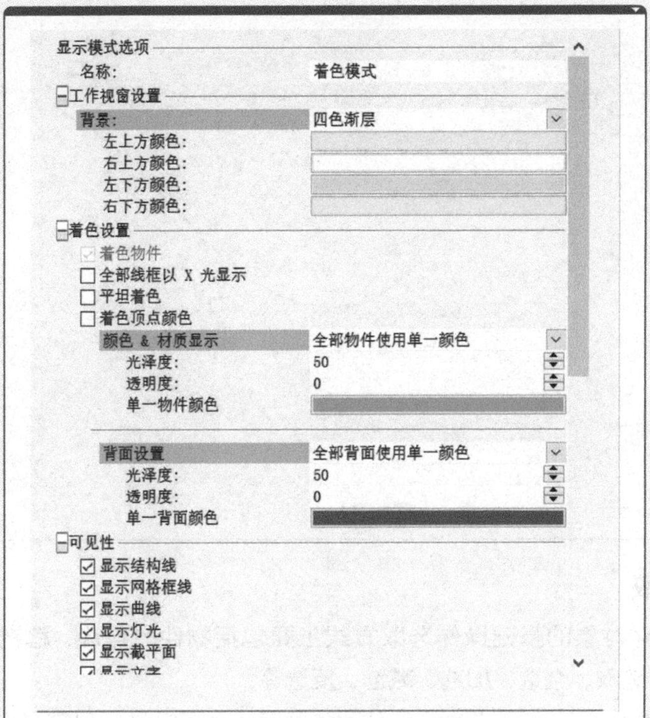

图1-23

修改后的显示模式都是可以进行保存并支持移植到其他PC设备上使用，每种显示模式都可以单独地保存备份，笔者也自行修改了显示模式供大家自行导入，读者可以本书配套的素材中找到"Lixuwen-rhino界面显示配置"文件进行导入。

1.3

Rhino 5.0视窗中物件对象的基础操作

1.3.1 物件的创建、选取

（1）物件的创建

在Rhino中，物件的创建通常通过点击指令栏按钮图标进行绘制，也可使用快捷键以及指令别名输入执行指令。如图1-24所示，通过点击指令栏中的控制点画曲线指令，执行绘制曲线任务。

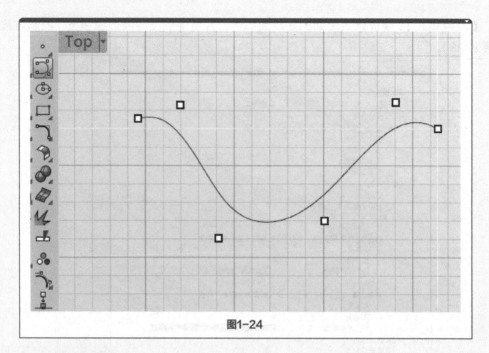

图1-24

（2）对象的选取

在Rhino中，物件对象的基础操作选取方式主要包括物件的点选、框选（实框与虚框）、按类型（颜色）选取、全选、加选、减选、反选等。

通常在Rhino中默认被选取到的物件是以黄色显示，也可以进行自定义设置其默认颜色。点选指令 ⚙ 【选项】，进入界面，找到外观－颜色，如图1-25所示。

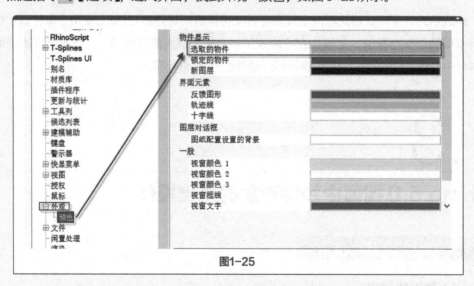

图1-25

① 物件的点选：点选即使用鼠标左键点击所需选取的物件。被点选中的物件为黄色光亮显示。如需进行撤销，可以点击视窗空白处或按键盘上的【Esc】键。

② 物件的框选：即在视窗中将所要选取的物件用鼠标左键进行选取且完全跨过该物件。此方式区别于【Ctrl+A】。【Ctrl+A】指选取视窗中所有的物件，而框选除非是框选中视窗

中所有的物件才能选取视窗中所有的物件，否则只能框选中操作者所完全框中的物件。物件的框选又分为实框与虚框。

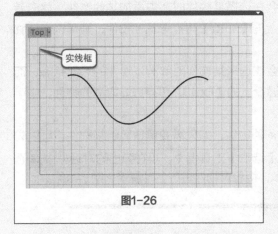

图1-26

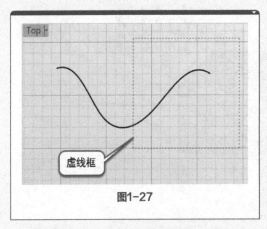

图1-27

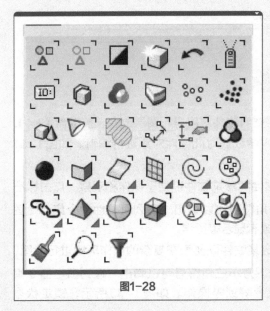

图1-28

实框：即按住鼠标左键，在视图中从左上方向右下方进行框选，物件只有被鼠标左键绘制出来的实线框完全框住时才能被选取中。如图1-26所示。

虚框：即按住鼠标左键，在视图中从右上方向左下方进行框选，只有鼠标左键绘制出来的虚线框与操作者想要框住的物件有接触才可被选中。如图1-27所示。

按类型（颜色）选取：在同一个视窗中，Rhino默认将物件分成了点、曲线、曲面、体、网格等类型。按类型选取可以很方便地让笔者在绘图时同时选取一种类型物件进行操作。如图1-28所示，鼠标右键点击标准栏中的 【选取】工具指令，弹出的对话框中有具体的选取指令。

通常我们在视窗中进行绘图选取时，难免会选取重叠的物件或者会遇到不同物件重叠交叉的情况，此时若不需选取某个对象时，可以在候选列表点击所要选取物件，或滑动滚轮即可选取，如候选列表中无你所要选取的物件则点击无即可，也可按【Esc】进行撤销（图1-29）（注：候选列表只有当所选取的物件重叠或者交叉时才会出现）。

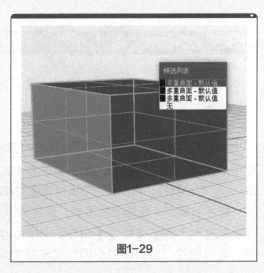

图1-29

物件选取中的全选：如需选择视窗中的所有物件，鼠标左键单击 ![icon] 【选取】工具，即可对物件全部选取，或者直接敲击键盘的【Ctrl+A】键进行操作。

物件选取中的加选：在Rhino中，通常会在选择某物件时还需添加其他物件，此时若不想撤销正在进行时的操作，可以按住键盘上的【Shift】再点选其他物件，则可以将该物件增加至选取的状态。

物件选取中的减选：在Rhino中，通常会在选择某物件时取消该物件的选取状态，而又不想撤销正在进行的操作，这时可以按住键盘上的【Ctrl】，再点选要取消的物件，则可以取消该物件的选取状态。

物件选取中的反选：在视窗中通常会有多种物件，如只需要单独显示某物件，可以先点选要显示中物件，接着使用标准栏中的 ![icon] 【选取】工具指令，再在弹出的对话框中 ![icon] 选择【反选选取集合】指令，即可实现反选操作，接着对物件进行各种编辑（图1-30）。

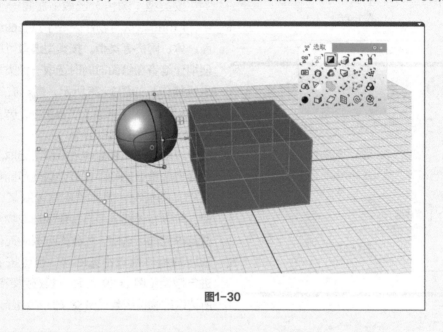

图1-30

1.3.2 物件的改变图层、隐藏、锁定

物件的改变图层：在建模绘图时，通常需要对物件对象进行图层改变，按键盘【F4】，可以快速改变该物件的图层和命名该图层，方便我们对此物件对象进行编辑。如图1-31所示。

物件的可见性：在建模绘图时，我们通常会隐藏某物件以便于操作和观察，点击标准栏中的 ![icon] 【可见性】指令，单击右下方小三角符号可以弹出一系列可见性指令集合（图1-32）。点选物件，再点选指令即可实现隐藏或者显示等操作。

物件的锁定：在建模绘图时，通常需锁定某物件以便于在复杂的操作环境进行绘图，点击标准栏中的 ![icon] 【锁定】指令，再单击右下方小三角符号可以弹出一系列锁定指令集合。点选物件，再点选指令即可实现锁定或者解锁等操作。如图1-33所示，锁定状态

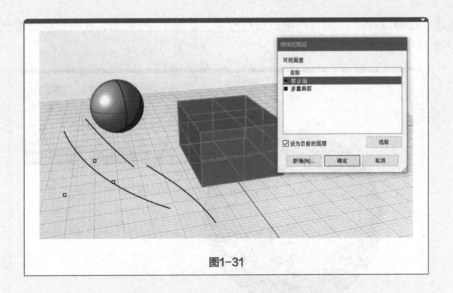

图1-31

图1-32

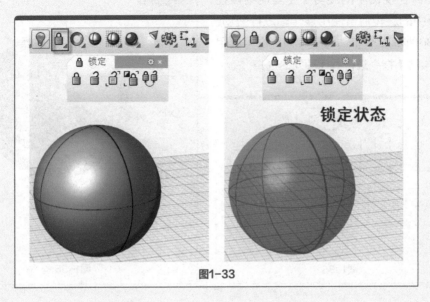

图1-33

为灰色。也可以使用改变物件图层进行锁定，如图1-34所示，在图层锁定的状态不会改变物件的颜色。

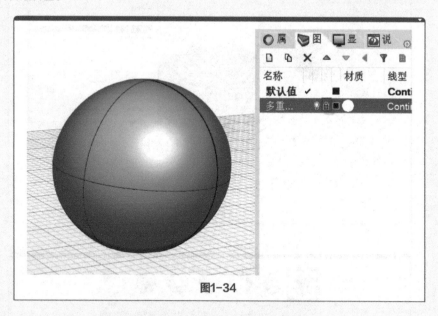

图1-34

1.3.3 物件在视窗中的移动（平移）和旋转

物件在视窗中的移动：实现物件在Rhino中的移动通常需使用操作轴进行，如图1-35所示，随操作轴的箭头进行拖拽移动，具体的平移轴向由操作者自定，或使用指令栏中的 🔲 【移动】指令和 🔠 【复制】指令，复制移动操作会使移动每一步都复制出物件。

物件在视窗中的旋转：要实现物件在Rhino中的旋转通常使用操作轴进行变动，图1-36所示为操作轴的旋转轴。也可使用 🔲 【旋转】指令进行具体轴向的选择。

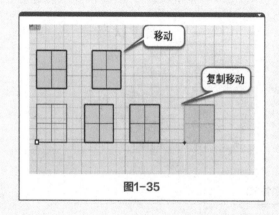

图1-35

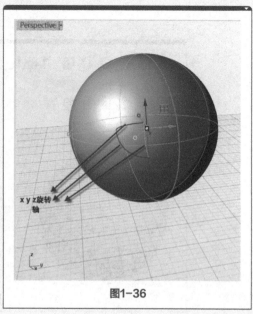

图1-36

1.4

Rhino 5.0 自定义工具、快捷键

① Rhino5.0自定义工具列。在 Rhino建模中，操作者通常都会有自己的一套建模习惯，那么操作者可以集合自己常用的工具指令，将其配置成一个常用指令工具列集合，以便自己进行建模操作时提高建模效率等。

首先启动 Rhino，在标准栏中找到 【Options（选项）】指令，在弹出的对话框中找到 Rhino选项 – 工具列 – 文件（图1–37）。

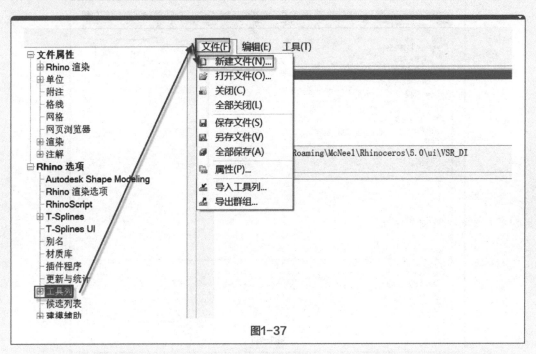

图1-37

单击文件选项中的新建文件会弹出一个对话框，命名并设置保存路径，此时操作者可以根据自身习惯进行自定义安排，设置完毕，接着 Rhino 视窗中则会出现一个笑脸符号，如图1–38所示。

此时，我们可以自定义此工具列。在 Rhino 中，执行【Ctrl+ 鼠标左键】可以复制一个工具指令到新增的工具列上，如图1–39所示，将鼠标左键放在指令图标上，按住【Ctrl】键则会出现复制二字，接着

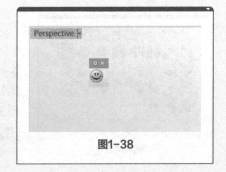

图1-38

就可以移动复制了。

当然，假如复制错了某个指令或者不需要该指令时，可以执行【Shift+ 鼠标左键】将图标移动至视窗空白处即可删除。如图1-40所示。

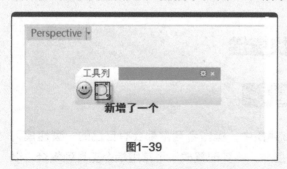

图1-39

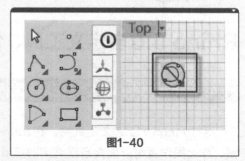

图1-40

② Rhino 5.0自定义工具指令图标。如需新增或者修改指令，在指令图标上执行【Shift+ 鼠标右键】，即可弹出此对话框，如图1-41所示。

图1-41

图1-42

在此，以镜像指令为例子，我们制作一个将快速X轴镜像和Y轴镜像作为新增工具的指令图标。首先执行【Ctrl+ 鼠标左键】可以复制一个镜像工具（在原工具指令图标处复制出一个，不要改变原镜像指令）（图1-42）。

在指令图标上执行【Shift+鼠标右键】，即可弹出如图1-43所示的对话框，点击编辑，修改原图标为现有的 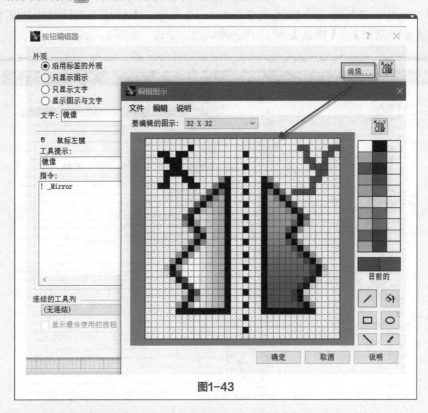（具体图示操作者可自行设计）。

图1-43

将原指令文字进行修改替换，替换后如图1-44所示。

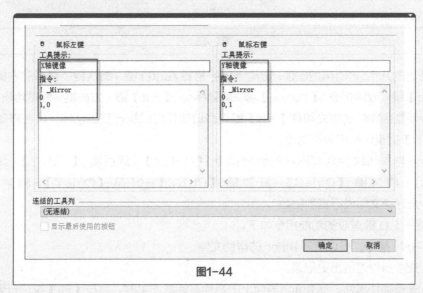

图1-44

新的工具指令制作完毕，切勿随意进行修改，并做好文档的备份工作。此时，就可以使用新增的工具指令了。

1.4.2 Rhino 5.0默认快捷键与修改

在Rhino中，在标准栏中找到 【Options】指令，在弹出的对话框中找到【Rhino
选项】–【建模辅助】–【键盘】，即可找到默认的快捷键。如图1-45所示。

图1-45

键盘上的几个较常用快捷键：键盘上的空格键/Enter键=确认键；鼠标的右键=确认
键；【Esc】键=取消指令；【Delete】键=删除指令；【Alt】键+方向键=推移功能；【Alt】
键=在需要复制物件前事先按住【Alt】键再移动物件可以执行复制功能，或在移动物件时
快按【Alt】键也可执行复制功能。

Rhino与其他软件具有同样的快捷指令：【Ctrl+Z】=复原键；【Ctrl+Y】=重做键；
【Ctrl+X】=剪切键；【Ctrl+C】=复制键；【Ctrl+S】=保存；【Ctrl+V】=粘贴键（在
Rhino中允许跨文件进行复制粘贴）。

F1键~F11键对应的功能指令如下。

F1=Help指令，可以查看Rhino的帮助文件。

F2=查看操作过的历史纪录。

F3=查看物件属性，当Rhino界面上的属性对话框不见时，可按【F3】键进行恢复。

F4与F5：Rhino里默认自带的为无。

F6=打开或关闭摄像机。

F7=打开或关闭工作视窗中的网格。

F8=打开或关闭正交。

F9=打开或者关闭锁定格点模式。

F10=打开曲线或者曲面的控制点。

F11=关闭曲线或者曲面的控制点。

Rhino自带较多的快捷指令，当然我们也可以根据自己的建模绘图习惯进行相应的修改，如可以将F4修改为：！_ChangeLayer，即快速对物件修改图层（图1-46）。

图1-46

1.5

Rhino 5.0自定义快捷键别名的设置

在Rhino绘图中，除了点击图标工具指令建模外，还可以在指令栏输入相应的指令代号进行建模，以提高绘图效率。【别名】区别于Rhino自带的快捷键，因为使用【别名】时，当在指令栏输入指令之后，还需执行【确认键】，而快捷键则不需要。打开Rhino，在标题栏中找到 【选项】指令，进入Rhino选项找到【别名】，可以看到Rhino里面默认自带的别名指令。如图1-47所示。

图1-47

对于别名可以进行增加以及删除，因此我们可以把Rhino本身自带别名指令进行导出备份，然后进行删除清空，接着输入自己常用的别名。

我们知道，在Rhino建模中需要不断地进行切换显示模式，常见的有三种模式：【线框显示】【着色显示】【渲染显示】。这三种显示模式在Rhino系统默认中是自带快捷键的，而自带的快捷键键盘字母与字母之间跨距较大，不便于操作，因此我们可以将其指令修改成别名指令。如图1-48所示，打开Rhino，在标题栏中找到 【选项】指令，进入Rhino选项找到【建模辅助】-【键盘】，可以看到Rhino里面默认自带的快捷键指令，找到【线框显示】模式的快捷键指令复制其指令码（在Rhino中【线框显示】模式默认的快捷键为【Ctrl+Alt+W】）。

接着在【别名】中进行设置，把刚才复制好的指令码粘贴过来，设置别名指令（可以用距离【空格键】最近的字母进行设置，如设置成【X】，如图1-49所示）。

图1-48

图1-49

【线框显示】设置完毕，接下来进行同样的操作。【着色显示】自带的快捷指令为【Ctrl+Alt+S】，复制其指令码后，操作者可以将其设置成字母【C】键。而【渲染显示】所对应的快捷键则为【Ctrl+Alt+R】，同样复制指令码，操作者可以将其设置成字母【V】键（图1-50）。

除此之外，我们同样可以对Rhino指令图标进行设置，这样就不用再为了找图标指令而烦恼了。在此举个例子，如我们通常在建模时需要不断地切换视窗最大化，每次都需要进行双击，较为麻烦，那么怎么进行设置呢？如图1-51所示，找到视窗最大化图标，在标准栏的 【视窗最大化】指令处，找到 【最大化/还原工作视窗】指令，鼠标右键点击 【最大化/还原工作视窗】指令不放，按下【Shift】键，弹出对话框，复制指令码（图1-52）。

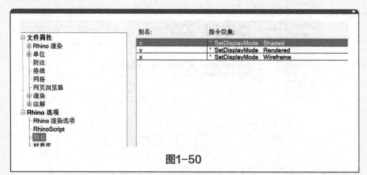

图1-50

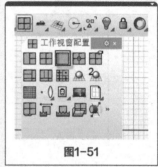

图1-51

图1-52

接着，将▣【最大化/还原工作视窗】指令粘贴到【别名】处，将其设置成【Z】键（图1-53）。

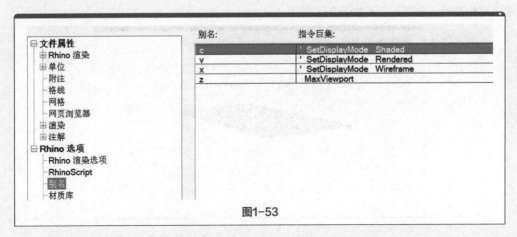

图1-53

设置其他工具指令别名同理可得，操作者可以自行去设置自己较为常用的，也可以从本书配套的素材中找到"Lixu wen-rhino快捷别名设置"文件并进行导入。

1.6
Rhino 5.0常用的物件编辑指令

1.6.1 物件的炸开与抽离

【炸开】指令，在Rhino建模中是较为常用的编辑工具之一，左键为炸开指令，它可以将组合后的多重曲线、多重曲面或者体炸开成单一曲线或者曲面。执行鼠标右键则为抽离曲面，区别于炸开指令，它可以将多重曲面上指定的面抽离出成单一曲面。

1.6.2 物件的组合

【组合】指令，同样也是使用频率较高的指令，几乎每次建模绘图都会运用得上，组合单一曲线或者曲面可以将其变成多重曲面或者多重曲线。注：组合指令如出现不能组合现象，则为物件与物件之间的距离大于系统公差。

1.6.3 物件的修剪

【修剪】指令，左键为修剪，顾名思义，修剪即利用物件对象剪切另外的物件对象，如出现修剪异常不能进行操作，一般而言则为物件与物件之间没有完整的交集。

案例1

如图1-54所示，如想修剪物件，可以让其视角相交，转动视图为TOP视图，改变其摄像机视角交点，让其进行投影修剪（图1-55）。

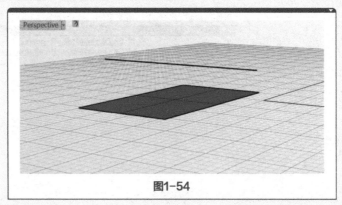

图1-54

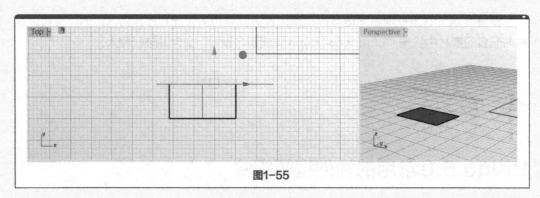

图1-55

一般而言，执行修剪可以将指令栏窗口里的【延伸直线】【视角焦点】（图1-56）均修改为【是】（图1-57）。

自动保存已完成
指令：_Trim
选取要修剪的物件，按 Enter 清除选取并重新开 （ 延伸直线(E)=否 视角交点(A)=否 ）：

图1-56

选取要修剪的物件，按 Enter 清除选取并重新开 （ 延伸直线(E)=否 视角交点(A)=否 ）：延伸直线=是
选取要修剪的物件，按 Enter 清除选取并重新开 （ 延伸直线(E)=是 视角交点(A)=否 ）：视角交点=是
选取要修剪的物件，按 Enter 清除选取并重新开 （ 延伸直线(E)=是 视角交点(A)=是 ）：

图1-57

案例2

此案列说明的是，物件与物件间进行修剪需要完全跨越。如图1-58所示，观察发现即便转到视图也无法进行修剪工作，那是因为黄色光亮的物件没有完全与另外的物件具备完

整交集。修改为如图1-59所示，将其完全跨越，即可修剪成功。

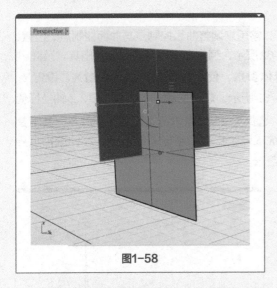

图1-58

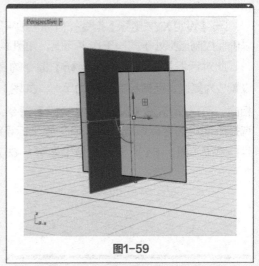

图1-59

对曲线进行修剪是真正地将其修剪部分进行了删除，而曲面则不同，只是将其进行暂时的隐藏，打开控制点可以看到控制点依然存在于外部，如图1-60所示。点击修剪的右键，即【取消修剪】指令，可将其曲面进行恢复。

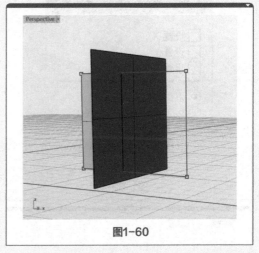

图1-60

1.6.4 物件的分割

【分割】指令，左键为【分割】。分割利用物件对象进行分离物件对象的操作（一分为二），同样进行分割的物件也需要具备完整的交集，才能对物件进行分离。右键则为【以结构线分割曲面】指令，意思是可以利用结构线来分割曲面，而不是外部物件对象，此操作意味着操作者可以将一块单一曲面分离出另一块单一曲面甚至多块单一曲面，用结构线进行分离的曲面是未修剪物件，可以进行衔接曲面等操作。在指令中有【缩回】选项，可以将其修改成【是】，如图1-61所示（注：对于分割后的物件可以使用【取消修剪】指令进行复原，而如果用【以结构线分割曲面】指令-【缩回】=是，则使用不了【取消修剪】，不能进行复原操作）。

```
选取切割用物件（结构线(I) 缩回(S)=否）：_Isocurve
分割点（方向(D)=U 切换(T) 缩回(S)=否）：缩回=是
分割点（方向(D)=U 切换(T) 缩回(S)=是）：
```

图1-61

1.6.5 设定XYZ坐标

[图标]【设定XYZ坐标】指令，俗称"拍平"，常用来调整曲线控制点与曲面控制点的位置，以确保控制点都处于同一工作平面上。如图1-62所示，通常在进行对齐时会弹出其对话框。

此对话框是【设定XYZ坐标】指令的具体参数，使用鼠标左键点选设置X、设置Y、设置Z为复选，而鼠标右键则为单选。如图1-63所示，想让曲线的控制点1和2 Z轴坐标值相同，可以执行[图标]【设定XYZ坐标】指令，选择1点与2点进行【设置Z】对齐，其下是选择所使用的坐标系统，可以以世界坐标系统或以工作平面坐标系统对齐，在此选择世界坐标系统（图1-64）。对齐后效果如图1-65所示。

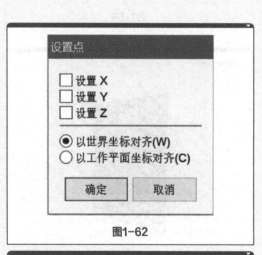

图1-62

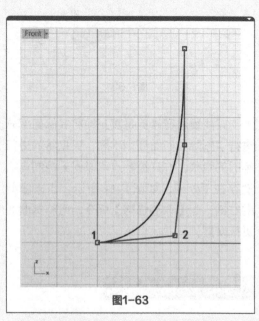

图1-63

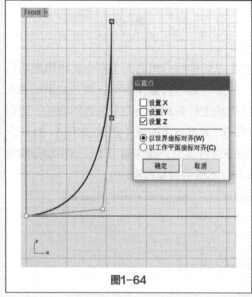

图1-64

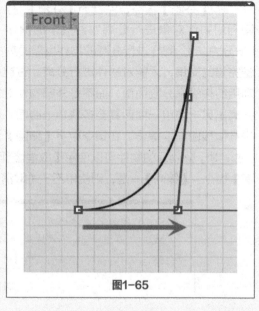

图1-65

1.6.6 Rhino操作轴的使用

　　Rhino 操作轴的出现极大地方便了绘图操作，提高了绘图效率，这令广大设计师以及爱好者爱不释手。打开Rhino 5.0新功能可见 操作轴 【操作轴】指令图标，或者在状态列也可看到，这些在前面章节已经介绍过，所以在此只做详细的【操作轴】使用技巧说明。如图1-66所示，1代表的是三维方向进行拖拽物件对象；2箭头的移动方向代表着往哪个轴线移动，可以输入具体的数值进行移动；3代表的是旋转的轴向（蓝色=Z轴，红色=X轴，绿色=Y轴）；4表示可以进行缩放操作。

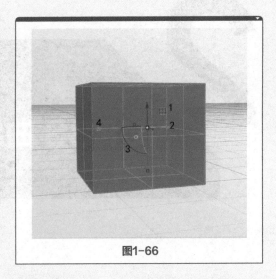

图1-66

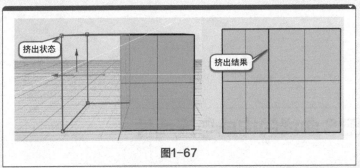

图1-67

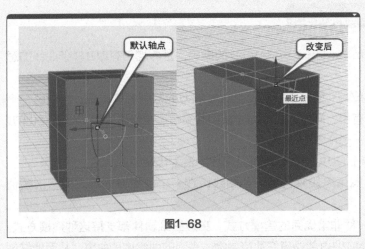

图1-68

　　如图1-67所示，可以按住【Ctrl+Shift】键单独选中正方体的面或者边缘，先拖拽操作轴，再按住【Ctrl】键不放，接着松开鼠标左键，可以完成挤出曲线操作，充当挤出指令来使用，也可选择使用操作轴中的旋转轴并针对进行旋转的方向来完成旋转挤出操作。

　　快速定位操作轴中心：先将鼠标左键移动到操作轴中心点。如图1-68所示，再按【Ctrl】键，接着松开【Ctrl】键，即可轻松地定位物件操作轴的中心。

2

NURBS 曲线与 NURBS 曲面介绍

2.1

Rhino 5.0NURBS 曲线的构成与连续性

2.1.1 NURBS曲线的基本解释

NURBS 是Non-Uniform Rational B-Splines的缩写，是非均匀有理B样条曲线的意思。其具体的解释如下。

Non-Uniform（非均匀的）：指一个控制顶点的影响力的范围能够改变。当创建一个不规则曲面时，这一点非常有用。同样，统一的曲线和曲面在透视投影下也不是无变化的，对于交互的3D建模来说这是一个严重的缺陷。

Rational（有理）：指每个NURBS物体都可以用数学表达式来定义。

B-Spline（B样条）：指用路线来构建一条曲线，在一个或更多的点之间以内插值替换。

由此可见，NURBS是一种非常优秀的建模方式，高级三维软件都支持这种建模方式。与传统的网格建模方式比，NURBS能够更好地控制物体表面的曲线度即曲率，从而能够创建出更逼真、更光顺的曲面质量以及更加生动的造型。

简单地说，NURBS是专门做曲面物体的一种造型方法，NURBS做出来的造型总是由曲线和曲面进行定义的，因此，所以我们要在NURBS表面上生成一条有棱角的边是较为困难的，而我们恰恰可以借助这一特点，做出各种复杂的造型，或表现特殊效果。

一般而言，在Rhino中绘制曲线主要有以下4种方式。

第一种：◻【控制点曲线】，用它来绘制曲线，除了起点与终点外生成的线条并不会穿过鼠标点到过的位置，因此我们还需调整控制点的位置才能使所绘制的曲线达到预期的效果。并且，使用此指令时可以随时点击指令栏中的【复原】选项来确定点的位置，以便及时进行修改。图2-1所示为【控制点曲线】的使用（注：控制点画曲线为Rhino建模中首选的绘图曲线方式）。

第二种：◻【内插点曲线】，用它来绘制曲线生成的线条将会平滑地经过鼠标点到过的位置，因此内插点画曲线适合用来描图。同样对于【内插点曲线】，也可以随时点击指令栏中的【复原】选项来确定点的位置（图2-2）。

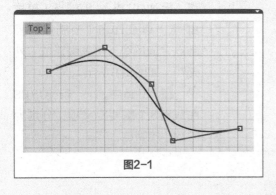

图2-1

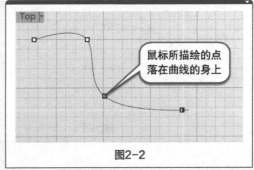

鼠标所描绘的点落在曲线的身上

图2-2

第三种：◉【曲面上的内插点曲线】，它可以在曲面上绘制曲线，绘制好的曲线将会附着在曲面上（图2-3）。

第四种：◻【描绘】指令画线，俗称"手绘曲线"，具有鼠标左右键之分，左键为【描绘】，右键为【在曲面上描绘】。它与前面三种的绘图方式均不一样，是以一种模拟手工画线的方式来绘制曲线，即执行此指令后，鼠标经过的地方将会留下痕迹，绘制完毕它会将所经过的地方转化为曲线（图2-4），而且此指令在绘制时不能像前面的指令那样在指令栏点击【复原】选项，如要修改则要等画完后才能打开控制点编辑形状。

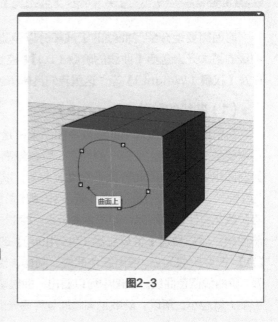

曲面上

图2-3

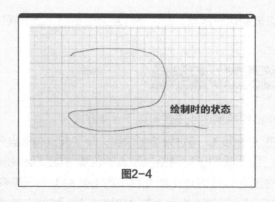

图2-4

2.1.3 曲线的基本构成及重要定义项

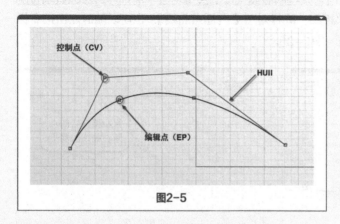

图2-5

在Rhino中，一条NURBS曲线的构成要素主要分为控制点（简称CV点）、编辑点（简称EP点）以及Hull（控制点与控制点之间的线，可以翻译成"外壳"），如图2-5所示。

在Rhino中，一条NURBS曲线有3个重要定义项，分别为阶数、控制点、节点。

2.1.4 NURBS曲线基本元素的阐述

前面简要地介绍了曲线的组成部分以及重要的定义项。通过了解，我们知道NURBS曲线的基本元素包括【曲线的阶数（D）】【控制点（CP）】【编辑点（EP）】【节点（Knot）】以及【权重（Weight）】等，这里我们具体阐述一下这些基本元素的重要知识点。

（1）曲线的阶数（Degree）

简单地说，阶数对于曲线或者曲面来说是一个数值，即一块曲面或者一条曲线的构成是需要多少控制点生成。一般而言，阶数越高，曲线或者曲面越光滑，计算机所需要的计算时间也会越长，因此阶数不宜设置太高，以免给后续操作带来困难，所以默认的画曲线为3阶。一般而言，画曲线的1阶、3阶和5阶就够用了。这是为什么呢？1阶、3阶和5阶等阶数又有什么区别呢？如图2-6所示，绘制一条【多重直线（Polyline）】，黑色曲线为一阶曲线，然后通过【多重直线（Ployline）】的几个定义点，绘制4条曲线，在指令栏输入【D】，改变阶数为2，得出红色曲线。同样，绘制默认的3阶绿色曲线和4阶的紫色曲线以及5阶曲线蓝色曲线。从图中可以看出，曲线阶数越高，曲线就绷得越紧，每个控制点对其影响力就越小。所以，阶数越高趋向越容易光顺就是这个道理。

从右图可知，曲线的阶数越高，越接近直线，连续性当然也会更好，并且，随着阶数的增加，其控制点数量一定会增加1个或者n个（控制点数量的增加并不一定会导致阶数增加），也就是说Rhino里【控制点曲线】默认是3阶的，那么绘图时就要满足【阶数+1】，这根曲线才会是3阶的，如：3阶4点（图2-7）。

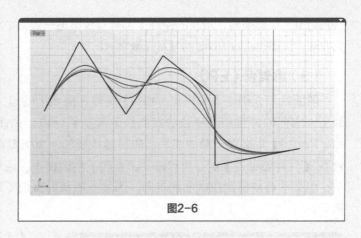

图2-6

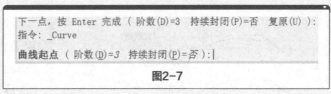

图2-7

我们在默认【阶数=3】的情况绘制5根曲线，点数分别不同。如图2-8所示，在指令栏输入【What】指令，可以依次检查这5根曲线的属性。我们不难发现，有2个控制点的为1阶曲线，有3个控制点的为2阶曲线，3阶的曲线至少需要4个控制点。于是可以得到一个公式：一条n阶的曲线至少需要（n+1）个控制点数，如果控制点数少于默认设置的阶数值，它就会默认转换成

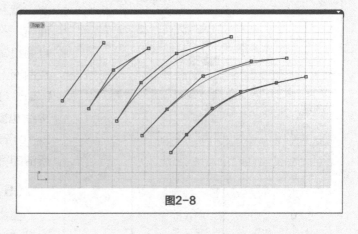

图2-8

按照控制数可以达到的最高阶数值的曲线（如3点2阶）。需要注意的是，"n阶的曲线至少需要（n+1）个控制点数"，用公式表示为"【控制点CP】数 ＝【阶数（D）】+1"，但不能转换成"【阶数（D）】＝【控制点（CP）】数－1"。因为在Rhino中，目前能显示的最高阶为11，但是控制点可以是无数个。比如，假设画一条3阶的线，可以有n个【控制点（CP）】数，但是【阶数（D）】却不等于【控制点（CP）】数－1，除非只画了4个点。

（2）控制点【（CP）】

在Rhino中，控制点是我们经常用来编辑曲线的对象，例如前面介绍的【控制点曲线】命令。我们知道控制点的排列决定着曲线的形态，并且只有首尾两点是落在曲线上，其余控制点都附着在Hull虚线上的点群上。曲线上的控制点是一串的，其数量也至少是曲线的阶数加1（记住是至少加1）。前面说到的控制点的位置决定曲线的形状，其实就是权重

（Weight）在影响着，所有的控制点都具有权重值一般为1），其权重值可以决定曲线是否为有理。权重也是NURBS的基本元素之一。

（3）编辑点（EP）

前面我们介绍了【编辑点（EP）】是落在曲线上的点，也就是说所有编辑点都在曲线上，它们的位置和顺序会决定曲线的形状和特点。由此可知编辑点曲线是通过【节点（Knot）】定义完一条曲线后，在首尾各增加一个编辑点组成一条曲线。一般可以通过 ⌒【打开编辑点】指令来显示一条曲线上的编辑点，拖拽编辑点可以直接改变曲线形状，但是不容易精确控制曲线走向。因此一般我们首选【控制点】来画曲线。如图2-9所示。

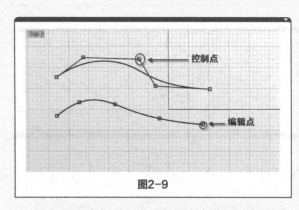

图2-9

（4）节点（Kont）

在一条NURBS曲线上，可以利用公式把节点的数量算出，即【节点（Kont）】=【控制点（CP）】-【阶数（D）】-1。那么何为节点呢？简单地理解，就是曲率开始变化的地方，一般而言一个节点控制着两个控制点，并且曲线端点也是节点。【节点（Kont）】在曲面上的表现就是iso结构线，所以【节点（Kont）】越多，模型上面的结构线也就越多，操作就越复杂。如图2-10所示，曲线为3阶，控制点=6，所得即符合公式推理。

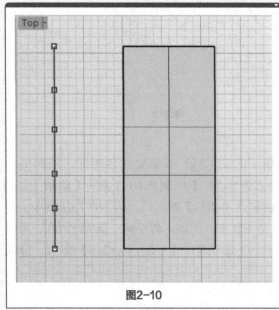

图2-10

（5）均匀与非均匀

在Rhino中，均匀与非均匀是针对节点来说的。节点=均匀，即满足逻辑算法。如 🔄【控制点曲线】是用【控制点（CP）】来画线，所以可以绘制出来3阶4点的曲线。节点=非均匀，即不满足逻辑算法。如 🔄【内插点曲线】用【节点（Knot）】来画线，其默认【节点（K）=弦长】，如图2-11所示，所绘制出来的曲线即非均匀的。

在指令栏输入【What】指令，可以检查其物件属性，或点击属性界面的详细数据即可检查。如图2-12所示。

前面我们说到了 🔄【控制点曲线】

图2-11

是用控制点来进行调整曲线的位置，所以难免会有很多人会误认为是【控制点（CP）】确定曲线造型的，其实【控制点（CP）】并不是直接影响曲线造型的，【控制点（CP）】只影响了【节点（Knot）】的位置。而【节点（Knot）】的位置，才是唯一决定一条曲线造型的重要因素。简单来说，就是【控制点（CP）】是间接控制曲线的，而【节点（Knot）】是直接控制曲线的。

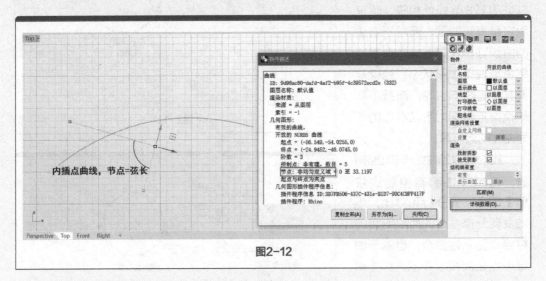

图2-12

出现非均匀的情况有很多，除了绘制曲线的方式外，还有修剪分割不当等因素（注：修剪分割在节点处同样可以保持曲线均匀）。

那么，均匀与非均匀对我们而言有什么具体的影响呢？其实就是节点影响着曲线的造型，并对编辑曲面产生较大的困难。

节点均匀修复的方法：使用![图标]【重建曲线】指令与![图标]【参数均匀化】指令。需注意它们之间的区别。原则上，一开始我们就应避免非均匀的产生。

（6）有理曲线与无理曲线的区分

在Rhino中，仔细观察一下，不难发现几乎所有的标准几何曲线，比如圆、椭圆、球体等都是有理曲线。如图2-13所示，我们用圆作为例子，执行![图标]【圆：中心点、半径】绘制两个曲线圆，对于右边的曲线圆，在指令栏点击【可塑形的】，得到曲线并打开其控制点，不难发现二者之间的区别。如图2-14所示，左边的控制点部分落在曲线身上，不可随意去拖动，否则会出现曲线间的折痕，此为有理曲线，即正圆。而右边的控制点均在曲线外部，可以任意编辑且不会出现折痕，为非有理曲线的近似圆。

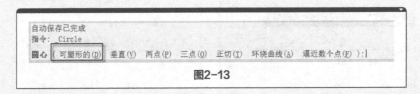

图2-13

那么我们是如何确定的呢？首先我们可以使用分析工具，打开![图标]【曲率梳】指令和![图标]【半径尺寸标注】指令，如图2-15所示。

进行对比分析可以得出结论：左边的黑色曲线和红色色曲线的距离是一样的，说明这条曲线的曲率都是一样的，可以证明其R值处处相等，也证明它是真正的圆。而对于右边的曲线圆，我们不难发现其曲率梳呈现多边形状态，也就是说其R值并不相等，而是不断地模拟近似圆，所以右边的即为无理的近似圆。

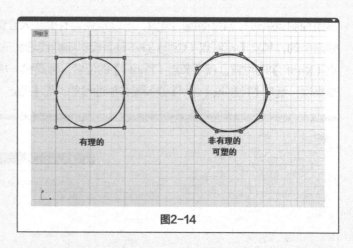

图2-14

我们可以选中它们的控制点，再用 【编辑控制点权值】指令，去分析和对比，不难发现选择左边的曲线所有的控制点显示为混合，也就是说每个点之间权重并不一样（图2-16）。而右边的则显示为1，也就是说右边曲线的控制点权重均为1，其权重相同，如图2-17所示。

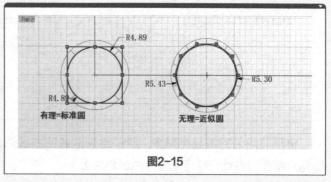

图2-15

由此可得，有理与无理是针对于权重值而言的，也就是说在NURBS中，所谓的有理，在模型中的表现就是【控制点CP】的权重不一样。简单来说，就是在Rhino中一条曲线上

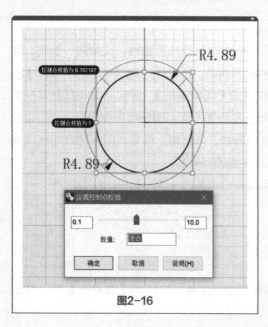

图2-16

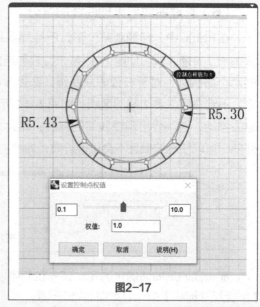

图2-17

或者一个曲面上，所有【控制点（CP）】权重一样，那么它就是非有理的；如果【控制点（CP）】权重不一样，那么它就是有理的。【控制点（CP）】权重是否一样决定了曲线或者曲面是有理还是无理。

（7）权重（Weight）

控制点的权重可以理解为控制点对曲线或者曲面的拉伸力度，在Rhino中，默认的控制点引力范围为0.1 ～ 10，如图2-18所示。

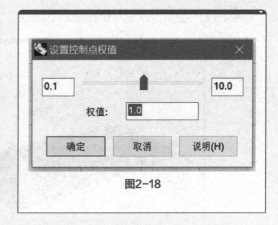

图2-18

那么该如何理解呢？如图2-19所示，我们在无理圆上修改其权重值，看会有何变化。

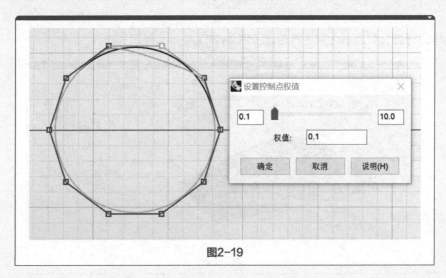

图2-19

将其修改成10，再做对比（图2-20）。

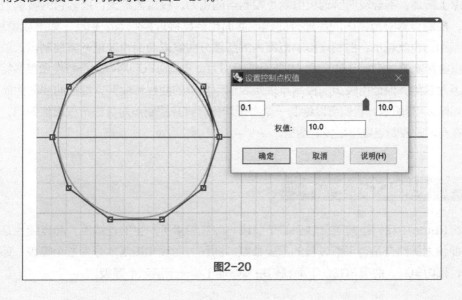

图2-20

曲面上的控制点权重对比如图2-21所示。

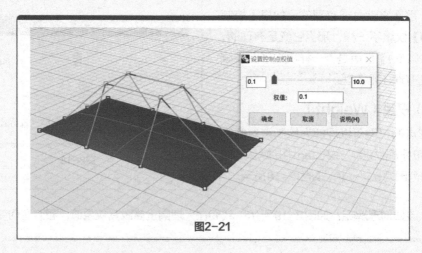

图2-21

同样进行最大与最小之间进行对比（图2-22）。

图2-22

　　综上所述，不难发现所谓权重就是控制点的引力。权重值越大，那么它的吸引力也就越大，控制点影响范围内的那部分曲线或曲面也就越接近控制点；相反，如果权重越小，它的吸引力也就越小，控制点影响范围内的那部分曲线或曲面也就越远离控制点。总的来说，权重影响的是控制点对曲线或S曲面的吸引力。我们可以利用好这个特性做很多特殊造型。因为它能够保证用较少的控制点来绘制造型复杂的曲线和曲面，提高曲线与曲面的质量。如图2-23所示，我们可以绘制一个有理球体，打开控制点对其进行权重值编辑，它就可以在有限的控制点做出很多的造型。

2.1.5 NURBS曲线连续性

　　在Rhino中我们经常能接触到的是曲线与曲线相接所产生的连续性，而连续性是判断两条曲线之间结合是否平滑过渡的重要参数。曲线与曲线相接基本分为三个等级，即位置=G0、相切=G1、曲率=G2。下面我们来具体地了解一下这三个等级。

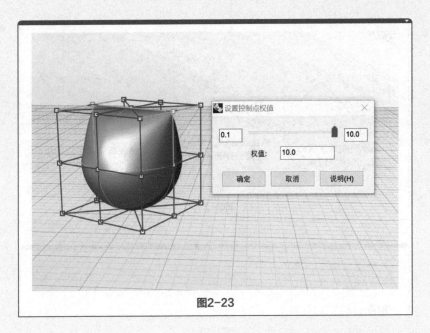

图2-23

第一级别：【位置＝GO】连续。当两条曲线的端点相接形成了锐角，它们之间的关系则为【位置＝G0】连续。如图2-24所示。

第二级别：【相切＝G1】连续。两曲线在相接的基础上，端点处的切线方向一致，即相切连续，可以使用 ▬【分析方向】指令查看。简单地理解就是两曲线相接没有形成锐角，那么这两曲线则可以形成【相切＝G1】连续。如图2-25所示。

第三等级：【曲率＝G2】连续。要达到曲率连续，除了满足曲线两端相接和端点相接处切线方向一致外，其之间的曲率圆半径值还需要达到一致。如图2-26所示。

常用的曲线连续性分析工具：一般而言，当我们知道具有这些连续的时候，用肉眼几乎分辨不出其连续性，【位置＝G0】连续除外。那么，运用哪些工具指令进行分析呢？执行 ╱【曲率梳】指令我们可以看到图形，如图2-27所示。也就说使用 ⌐【两条曲线的几何连续性】可以很清楚地在指令栏知道曲线的连续性为多少，如图2-28所示。

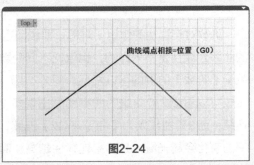

图2-24

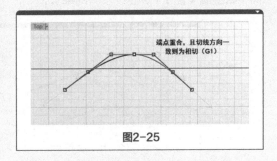

图2-25

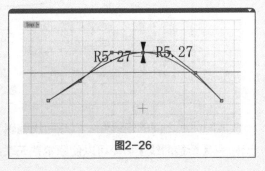

图2-26

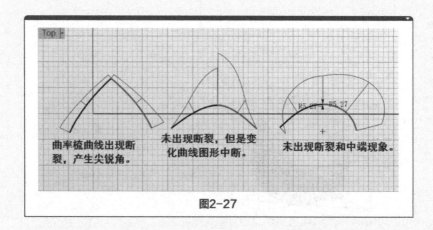

图2-27

相切差异角度 = 0.000
两条曲线形成 G2。

指令：

图2-28

　　阶数对连续性的作用：对单一曲线而言不存在【位置＝G0】连续，但是单一曲线内部的曲率连续性是不一样的，也就说不同阶数的曲线具有不同的曲率连续性，这从前面章节关于【阶数】的讲解可以发现。图2-29所示为2阶到5阶之间曲线曲率图形的变化，通过比较可以看到2阶曲线的曲率图形出现多个断裂，说明2阶曲线的连续性为【相切＝G1】连续，而3阶曲线则为【曲率＝G2】连续，以此类推。由此总结出，曲线的阶数越高，曲率的变化会越光滑，且曲率连续性越高。简单来说，就是曲线的连续性会随着阶数的提高而不断提高（注：1阶曲线没有曲率）。

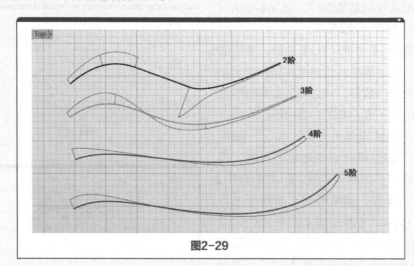

图2-29

　　匹配曲线之间的连续性：打开曲线编辑工具中的 ～【衔接曲线】命令，如图2-30所示，～【衔接曲线】命令可以使原本并无联系的曲线产生连续，具体如何选取要看需要什么样的效果，需注意的是谁去接谁的问题。

通过使用指令可以发现，位置连续只需要一个点就能满足，而相切连续则需要3点控制点在同一切线上即3点共一线，而需要达到曲率连续则需要5个控制点即5点共一线。如图2-31所示。

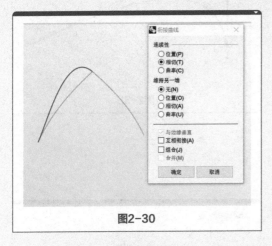

图2-30

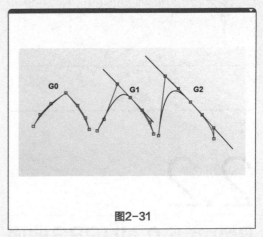

图2-31

也就是说，当我们使用手工匹配曲线连续性的时候，就可以根据此原理进行相应的操作。如图2-32所示，绘制两根曲线，打开控制点，接着再移动控制点，即可手工匹配【相切＝G1】连续。

那么如何匹配【曲率＝G2】连续呢？其实很简单，只要达到满足曲率连续的必要条件即可。前面我们学习了曲线与曲线之间要达到【曲率＝G2】连续需要满足曲线端点处的半径值相等。如图2-33所示，绘制3根直线，接着使用 ⚭【依线段数目分段曲线】指令，在指令栏输入5，分割＝否，即可显示点物件。

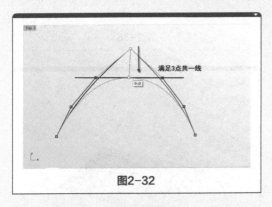

图2-32

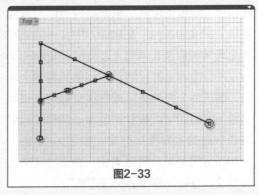

图2-33

接着在图中编辑点的位置，将曲线手工进行匹配，如图2-34所示。

调动完成，使用分析工具进行查看，如图2-35所示，我们可以直观地看到曲率梳图形的流畅程度。

连续性及其作用：那么连续性对于绘图有什么直接的作用呢？其实连续性在建模过程中主要体现在曲面与曲面边缘相接处的光滑性上。连续性越高，曲线与曲线或者曲面与曲面之间的光滑过渡就会越好。

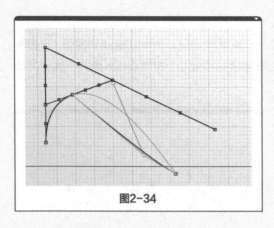

图2-34

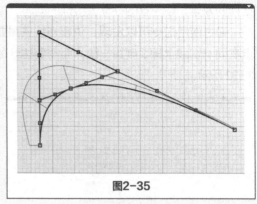

图2-35

2.2

Rhino 5.0 NURBS曲面
的构成与连续性

2.2.1 NURBS曲面的构成

　　曲面是由曲线构成的。NURBS曲面的构成与NURBS曲线相似，NURBS曲面同样包含了点数和阶数，也就是说曲面的属性继承了曲线的属性。在Rhino中，一块标准的曲面结构应当是具有4边类似于矩形的结构，并且曲面上的控制点和线都具有两个走向，而这两个方向是呈现网状交错的，也就是说一块曲面可以被看作是由一系列的曲线沿着一定的走向排列而来。如图2-36所示为Rhino的曲面，可以看出，曲面由4个边界组成，也就是俗称的"四边面"。

　　通过图片可以看到，组成曲面的还有【结构线】【曲面边缘】以及我们看不见的【曲面UVN】方向。如图2-37所示，使用 ![icon]【分析方向】指令可知何为【曲面UVN】方向？图中向上的蓝色箭头代表了N方向，红色代表了U方向，绿色代表了V方向。也

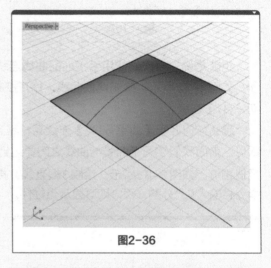

图2-36

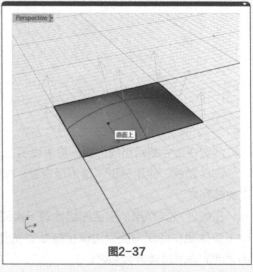

图2-37

就是说在Rhino中，NURBS是使用UV坐标去定义曲面的。

那么，结构线即图2-38中曲面上特定的U线或者V线（曲面上较细浅的黑线），而曲面边缘则是曲面最边界的U线或者V线（较粗重的黑线）。

通常封闭的曲面会存在曲面接缝（图2-39）。

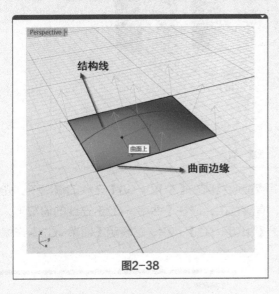

图2-38

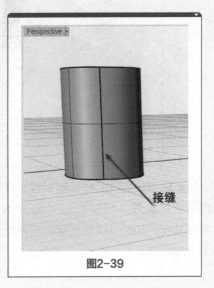

图2-39

2.2.2 NURBS曲面的连续性

上节讲述了曲线的知识及其连续性，并且谈到了曲线决定着曲面的属性，也就是说曲面同样具备了位置=G0、相切=G1、曲率=G2这三个基本等级的连续性，其所呈现的连续性效果对于曲面来说，【位置=G0】连续同样是完全不光滑连续，只是两曲面边缘进行了边缘重合，而【相切=G1】【曲率=G2】这两种连续在曲面上用肉眼不好分辨，通常此时都会借助Rhino中的 ⊙【着色】指令进行曲面光影分析（图2-40），或执行 ▤【斑马纹】指令，通过位置=G0、相切=G1、曲率=G2这三个基本等级的连续性下的斑马纹图形进行查看（图2-41）。

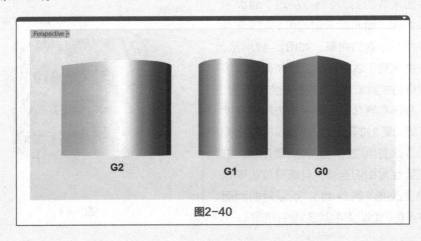

图2-40

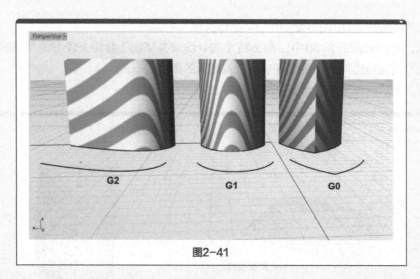

图2-41

从光影和斑马纹的显示结果看，可以清楚地发现在【位置=G0】连续的情况下，光影和斑马纹都是完全不连续的、有锐角的、有落差的，而在【曲率=G2】连续的情况下，可以看到其反光和斑马纹的衔接很明显优于【相切=G1】连续，这表明【曲率=G2】连续的曲面更加光滑。

2.2.3 曲面连续性的匹配

在前面的章节中，我们知道如果两曲线并不连续而需要达到某一连续时，通常可以使用【衔接】这一重要的功能，或者找准其特性进行手工匹配。当然，曲面也同样可以，就是说原本两个不平滑的曲面，可以通过曲面的衔接来达到平滑，而具体的平滑等级，可以是【位置=G0】【相切=G1】以及【曲率=G2】连续，甚至是G3。和曲线一样，曲面末端的2排控制点决定了曲面末端的切线方向，而曲面末端的第3排控制点就决定了曲面末端的曲率。如图2-42所示，两曲面分别达到了曲率连续，假如调动其边界的控制点而曲面末端有3排控制点影响着，那么就不会影响到其与另外一个边界的连续性。如果调动第2排则曲面的末端只有2排控制点，那么此时也就影响到其曲率连续，进而改变连续性为相切连续，且斑马纹图形也会立即发生改变（图2-43）。所以对曲面而言，依然存在控制点影响其连续性的情况！

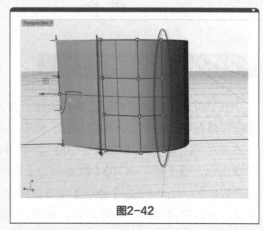

图2-42

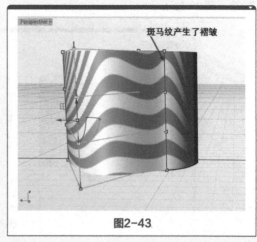

斑马纹产生了褶皱

图2-43

　　如图2-44所示，我们用 🐟【衔接曲面】来验证这一说法，使用左边的曲面去衔接右边的曲面，将两曲面进行衔接，可以发现曲面在曲率上进行了匹配，控制点的位置和数量随之发生了改变。进行衔接的曲面的曲率随之发生变化后，曲面的形状也随之改变，即作为衔接一方的曲面会发生形变。因此在进行曲面衔接相应操作时候最好做到"心中有数"，尽量使得衔接结果与预计效果接近。但衔接指令并不能非常精确地达到某些特定的造型，此时我们就得通过熟悉曲面衔接中的各个选项设置，来调整相应的数值，以满足三维造型的建构。

　　执行 🐟【衔接曲面】，可以看到衔接指令为我们提供了非常多的设置（图2-45）。勾选不一样的设置就会有不一样的结果。如图2-46所示，分析和对比使用衔接连续性设置中的【位置 = G0】【相切 = G1】及【曲率 = G2】不同连续性设置时衔接一方所发生的不同变化，通过观察可以看出不同衔接连续性设置对模型形态会产生的不同影响，并可观察到只有作为衔接方的曲面形态会发生变化，被衔接方的曲面形态不会发生变化。

　　衔接指令中的【维持另一端】则说明在执行衔接的时候，衔接边缘的另一端连续性是维持还是破坏，一般情况下这里选择【无】，如有需要可以在相应的位置点选即可。

图2-44

图2-45

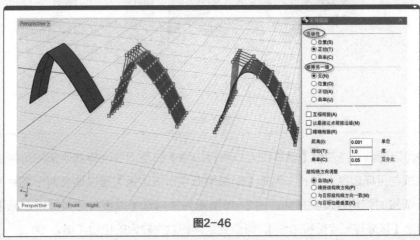

图2-46

关于【互相衔接】，如图2-47所示，当勾选时，曲面两边都会发生形变，而不是只改变一个曲面，其主要用于对称曲面的匹配，一般在制作对称和规则模型的时候会很有用，但是切记它要求用于衔接曲面的边界都是没有修剪过的。

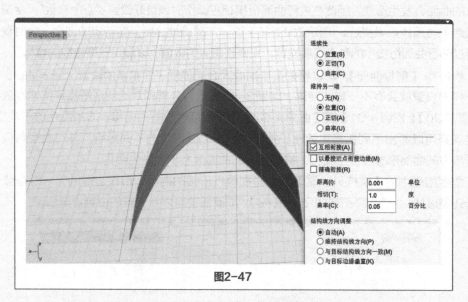

图2-47

关于【以最近点衔接边缘】，顾名思义，可以理解成进行衔接的曲面是从距离它最近的那个边界衔接过去的。如图2-48所示，绘制出两块曲面，一块为长边的一块为短边的，然后观看勾选【以最接近点衔接边缘】与否的具体效果。

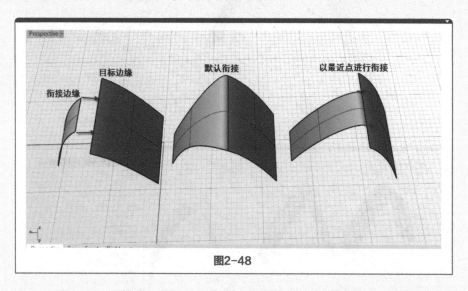

图2-48

从中可以看到，当使用【以最接近点衔接边缘】时是需要维持其原来的衔接边缘大小还是修改成与目标边缘一样长。另外【以最接近点衔接边缘】可以避免两个属性不相同的边界进行衔接时结构线发生扭曲。图2-49所示为未勾选【以最接近点衔接边缘】时的状态。勾选上【以最接近点衔接边缘】，可避免结构线发生较大的扭曲（图2-50）。

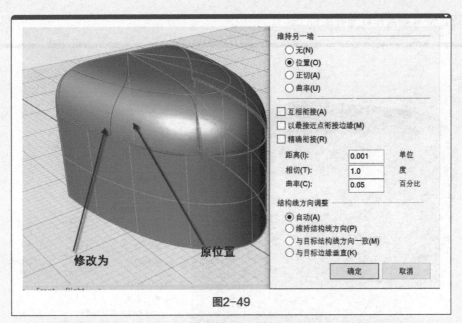

图2-49

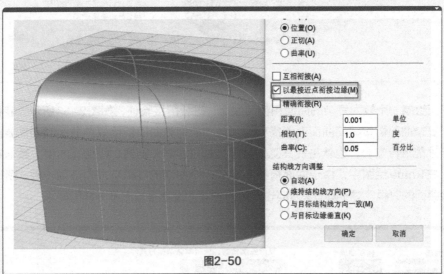

图2-50

【精确衔接】：在使用Rhino的过程中，我们不可能随时匹配都会遇到属性一样的衔接边界，除非是经过精心设计过的曲面边界，如图2-51所示，如遇到属性不一致的边界时，当执行完 【衔接曲面】指令，依然会发现它们之间依然存在缝隙并且无法组合。此时勾选上【精确衔接】，如图2-52所示，可以看到系统会自动地通过添加足够多的控制点去衔接目标的曲面边缘，从而达

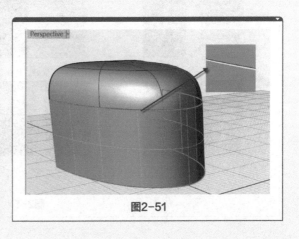

图2-51

到逼近, 使其吻合并且能够组合上。

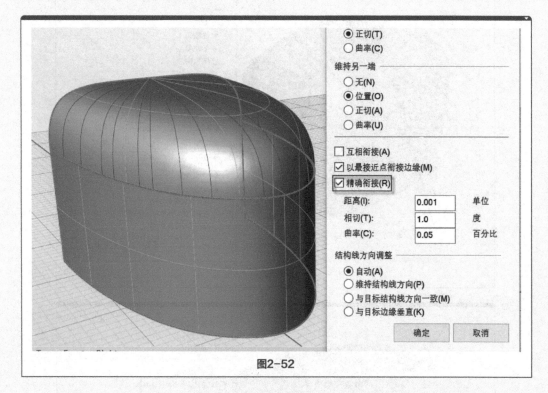

图2-52

下面绘制一个较为复杂的曲面和精简曲面, 进行衔接验证, 如图2-53所示。我们不难发现, 复杂曲面衔接精简曲面时不需要添加点, 而精简曲面衔接复杂曲面时则需要添加足够的点才能进行吻合, 也就是说其工作原理是通过容差（距离、相切、曲率）数值进行控制的。在Rhino绘图中, 由于曲面衔接不要求两个曲面的U和V方向必须一致, 所以我们在衔接曲面的时候, 对于其UV方向也会进行不同的设置来适应不一样的要求。

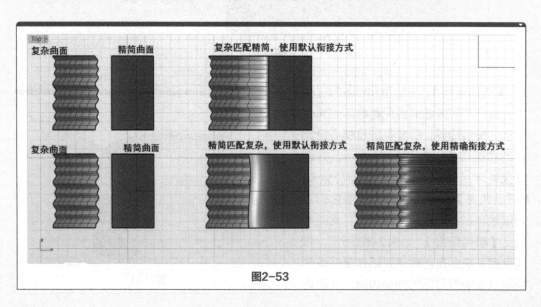

图2-53

【结构线方向调整】，Rhino 对其有 4 种方式进行设计。

① 自动。自动匹配是 Rhino 3D 中默认的衔接方式，这种情况下用来衔接的曲面边缘不能为已修剪边，但是允许目标边缘为修剪过的边，也就是说衔接的目标边缘此时会有两种状态：一种是已修剪曲面，一种是未修剪曲面。那么这两种模式进行匹配会出现怎么样的效果呢？下面我们对这两组进行比较分析。

如图 2-54 所示，对于已修剪曲面边缘，使用【自动】参数的时候，结构线与已修剪曲面呈现垂直关系，而未修剪曲面其结构线则是保持一致的。也就是说，对于目标曲面是已修剪的曲面，【自动】将会使衔接曲面的结构线垂直于目标曲面的边缘；而对于目标曲面是未修剪的曲面，【自动】会使衔接曲面的结构性与目标曲面结构线方向一致。

② 维持结构线方向，即维持结构线方向，不管所衔接的曲面为已修剪曲面还是未修剪曲面，其都可以维持原来的结构线方向，尽量做到不改变（图 2-55）。用此种方式进行衔接，其曲面发生的形变是最小的。

③ 与目标结构线方向一致。在这个模式下，不管曲面修剪与否，其衔接的曲面结构线都会与目标曲面的结构线方向保持一致，也就是说当遇到未修剪曲面时其效果和默认的【自动】衔接是一样的，而进行衔接目标曲面是已修剪曲面时，那么它就会改变结构线方向，使之与目标曲面的结构线方向一致，如图 2-56 所示。

④ 与目标边缘垂直。也就是说不管是衔接的目标曲面修剪与否，它都会使衔接曲面的结构线方向垂直于目标曲面的边缘线。然而在衔接已修剪曲面的时候，它的效果是与勾选【自动】时是一样的（图 2-57）。

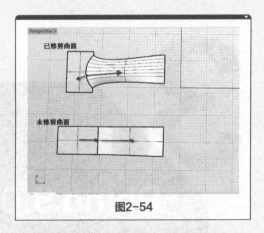

图2-54

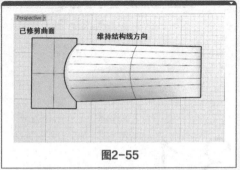

图2-55

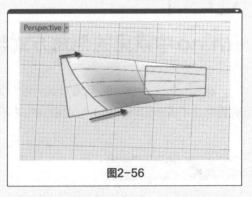

图2-56

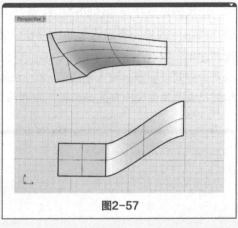

图2-57

3

Rhino 5.0 倒角原理与技巧

3.1

Rhino中常见的倒角方式与指令

在Rhino中，常见的倒角方式一般分为曲线圆角、曲线斜角、面与面之间的倒角、实体圆角（不等距边缘圆角）与曲面斜角（不等距边缘斜角）这五大类型。

3.1.1 曲线圆角

曲线圆角是在两曲线间产生让两者相切的一段圆弧。同时，曲线圆角可以在一条多段线之间进行圆角，前提这条曲线存在位置联系的地方，如图3-1所示，绘制一根多段线，接着使用 ◥ 【曲线圆角】指令，我们可以看到其指令的具体选项，如需要倒角的半径值以及是否需要修剪等，输入半径值=2，可以看到原本只有位置连续的曲线瞬间变为相切连续，也就是说圆角曲线出来的圆弧和两端曲线保持着相切状态（图3-2）。

自动保存已完成
指令：_Fillet

选取要建立圆角的第一条曲线 （半径(<u>R</u>)=1 组合(<u>J</u>)=否 修剪(<u>T</u>)=是 圆弧延伸方式(<u>E</u>)=圆弧）:|

图3-1

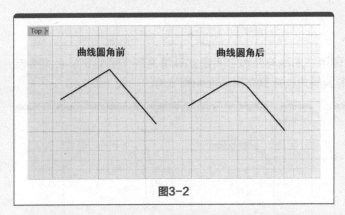

图3-2

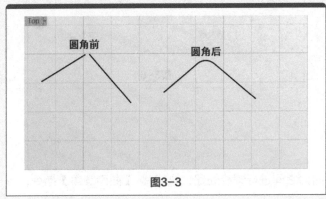

图3-3

那么，对于圆角曲线是不是只有端点相接的曲线才能进行圆角处理呢，其实，只要在其公差范围也是可以的，也就是说曲线圆角具有自动修剪和延伸的功能（图3-3）。

圆角曲线的曲率做法：默认的圆角曲线的做法只是让曲线达到相切联系，如果要达到曲率连续的话，可以执行曲线编辑工具中的 ☺【可调式混接曲线】进行手工圆角操作，如图3-4所示，我们可以进行参数的选择，并且可按住【Shift】键进行调节。也就是说，【可调式混接曲线】解决了因曲线两段距离较远，和不是同一平面不能进行圆角的问题，并且提供了更好的连续性。

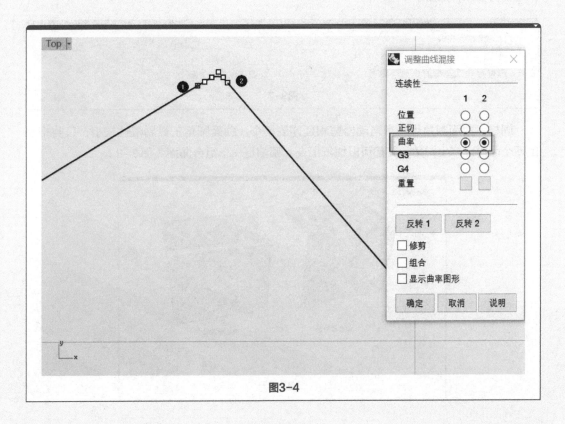

图3-4

3.1.2 曲线斜角

执行 ⟍【曲线斜角】指令，即可在曲线与曲线之间建立斜角关系（图3-5），此指令我们并不常用。与曲线圆角一样，曲线斜角同样具有自动延伸和修剪的功能（图3-6）。

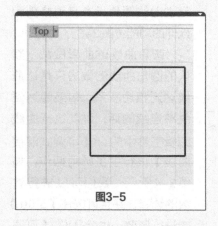

图3-5

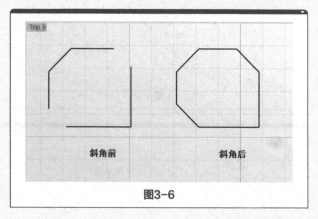

图3-6

3.1.3 面与面之间的倒角

面与面之间的倒角即对曲面与曲面之间进行圆滑处理，执行 🖰【曲面圆角】指令，可以看到其参数，如图3-7所示。

```
自动保存已完成
指令: _FilletSrf
选取要建立圆角的第一个曲面（半径(R)=10.000  延伸(E)=是  修剪(T)=是）:
```

图3-7

同样，曲面圆角也具有自动修剪和延伸的指令。曲面圆角工具局限性较小，只要相邻的两个面可以产生锐角，其都可以执行指令，哪怕是一个组合曲面（图3-8）。

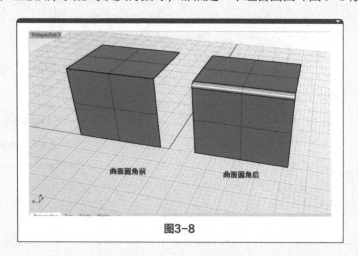

图3-8

只要在公差范围内，半径也达到了其距离需求，不相邻的曲面同样也可以进行曲面圆角，如图3-9所示。

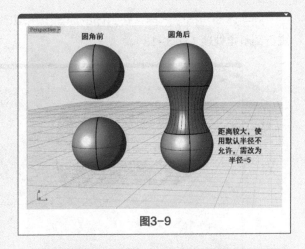

图3-9

3.1.4 不等距边缘圆角

不等距边缘圆角即对实体进行倒圆角处理，它是建模时使用频率非常高的指令。顾名思义，使用实体倒角指令时，其物件对象必须处于多重曲面，或两曲面之间的边缘接缝为组合状态，并且其连续性为【位置＝G0】连续，如图3-10所示，执行【不等距边缘圆角】指令，我们不难发现其默认倒角出来的连续性与曲线圆角是一样的，同为【相切＝G1】连续。

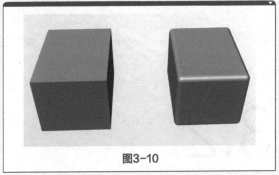

图3-10

其实对于实体倒角不一定就要求物件对象是一个多重曲面，但是物件对象一定要有重合并且连续性为位置的边缘线，如一块具有接缝的单一曲面（图3-11）。

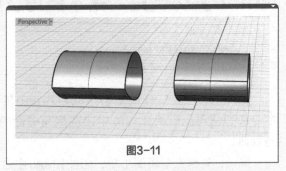

图3-11

3.1.5 不等距边缘斜角

不等距边缘斜角是对实体进行倒斜角处理，与实体倒圆角的要求相同，其物件对象前提的边缘线需重合在一起，并且其连续性为【位置＝G0】连续（图3-12）。

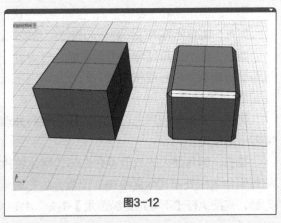

图3-12

同实体倒角指令一样，在封闭的曲面上出现了边缘线重合且连续性为位置时，也可以进行倒斜角处理（图3-13）。

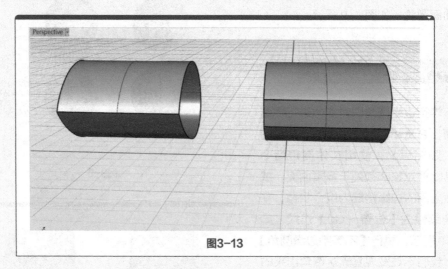

图3-13

3.2

Rhino实体倒角的基本技巧及运用

3.2.1 倒角的基本技巧

在Rhino中，实体倒角常常成为Rhino的"软肋"之痛。其实有很多相应的工具指令和方法可以解决Rhino中出现倒角破面的情况。下面总结了5个需要注意的技巧与规律。

第一，先倒大角再倒小角，即在Rhino中进行倒角的时候，先输入的倒角数值为2的话，接下的倒角数值需要小于2，否则会产生破面。

第二，倒角相等的边缘要一起进行倒角处理。

第三，渐消倒角处理会出现破面，需要进行手工倒角处理，比如进行圆管切割处理可以修建出距离差进行混接曲面，此方式区别于默认的不等距边缘圆角方式，其进行混接的曲面为G2连续。

第四，倒角如超过三边交汇则需要进行处理，因为容易失败，如刚好为三边交汇，则需要一起倒角。

第五，倒角最大的数值不允许超过物体转角处的最大"R"值（即半径值），也不允许超过倒角边缘处存在曲面接缝的位置，除非倒角的数值小于此接缝的距离。如不考虑这些问题，直接执行【不等距边缘圆角】指令，会以失败告终。

3.2.2 技巧及运用基础演示

如图3–14所示，进行三边交汇倒角处理。

可以看到交汇处超过了三边，如果直接进行倒角处理，那么肯定是以失败告终的。这时要先将其处理成非四边交汇，具体而言，先将物件进行 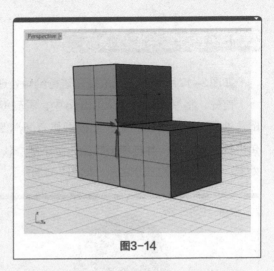【炸开】处理，接着删除其曲面，使用 【将平面洞加盖】处理，如图3–15所示。

图3–14

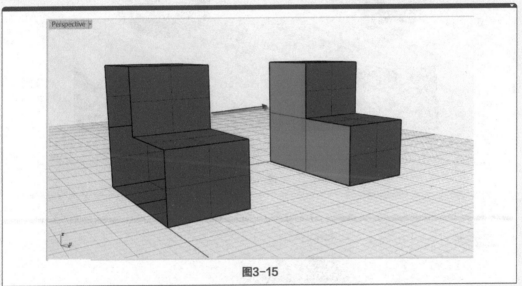

图3–15

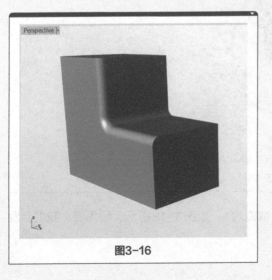

图3–16

然后进行封面曲面处理，解决四边交汇的问题，使用 【不等距边缘圆角】进行倒角。最终效果如图3–16所示。

3.2.3 基础综合案例演示

如图3-17所示对洗衣液瓶盖进行倒角处理。

首先，将模型打开置入Rhino中，看到模型后先进行分析，看是否可以使用技巧进行倒角处理。可以看到的是，此模型具有渐消倒角的特征，所以不能直接使用不等距边缘圆角进行圆滑处理，并且模型整体为一个圆形状，所以，首先我们可以将模型进行 ↙【炸开】处理，留下其中的三分之一，如图3-18所示。

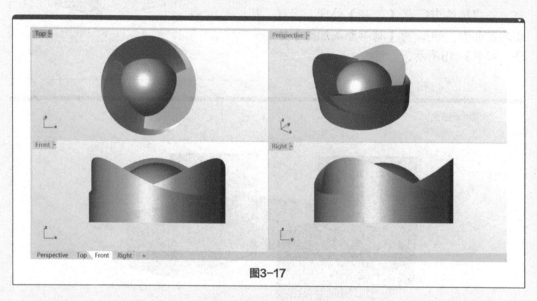

图3-17

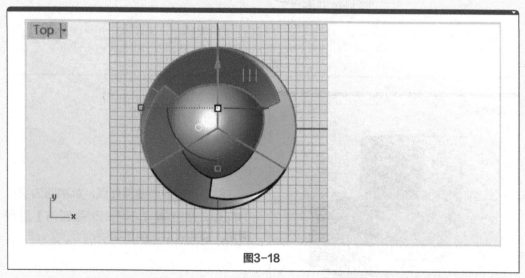

图3-18

执行 🎲【不等距边缘圆角】指令，倒角数值为1。如图3-19所示，倒角后，我们会发现渐消的位置出现破面，无法直接完成倒角。

　　将模型进行炸开处理，在破面处使用 【以结构线进行】分割，将破面修剪完整，如图3-20所示。

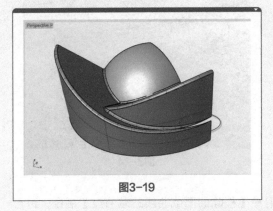

图3-19

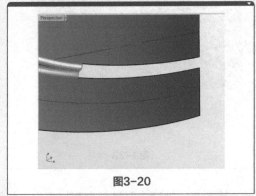

图3-20

　　修剪完成，接下来进行模型补面处理。首先，我们将模型进行组合，接着使用 【混接曲面】，勾选"平面断面"，并按照Z轴方向进行拉动，得到此处曲面，如图3-21所示。

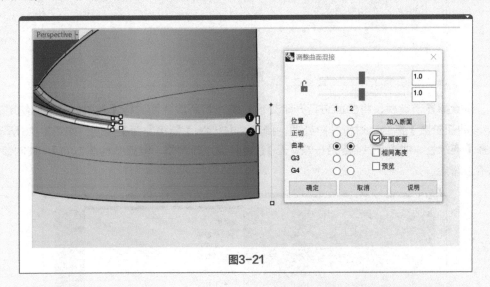

图3-21

　　混接之后，可以看到红色线处，曲面与曲面之间并没有衔接好（图3-22），接下来运用衔接曲面对此处进行处理。

　　使用 【以结构线分割】曲面，分割出如图3-23所示的形状。需注意的是，我们需要在指令栏中，选择【缩回=是】。

　　继续使用 【以结构线分割】曲面，分割出"T"字形状。同样需注意的是，在指令栏中，选择缩回=是（图3-24）。

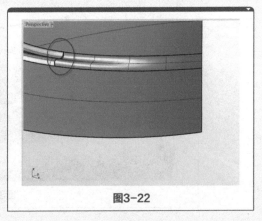

图3-22

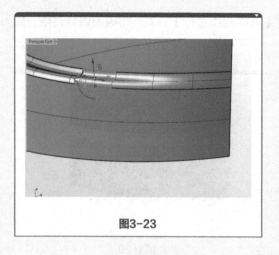

图3-23

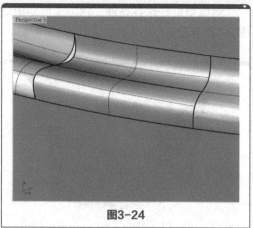

图3-24

接下来，检查曲面是否存在复节点，使用 ✐【移除曲面或曲线的复节点】指令，进行移除（图3-25），如无可忽略。

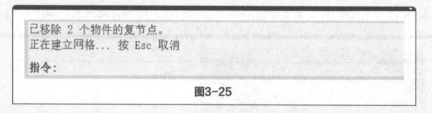

已移除 2 个物件的复节点。
正在建立网格... 按 Esc 取消
指令：

图3-25

移除掉复节点后，将曲面进行升阶处理，统一将两块曲面进行【升阶＝5阶】，使用 ▨DEG【更改曲面阶数】指令，进行升阶处理。接着，进行 ▤【衔接曲面】处理，如图3-26所示，选择【连续性＝曲率】【维持另一端＝无】【结构线方向调整＝维持结构线方向】，其他参数则不必理会。

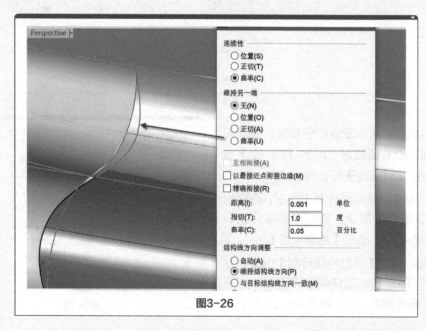

图3-26

同样，进行 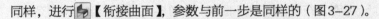【衔接曲面】，参数与前一步是同样的（图3-27）。

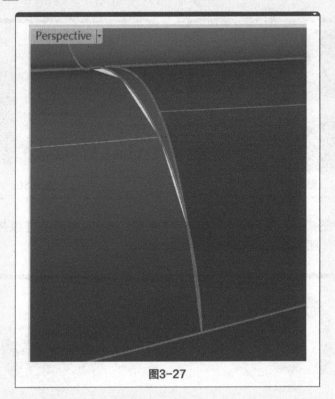

图3-27

接着，衔接这两块曲面之间的接缝，匹配参数同样选择【连续性＝曲率】，但这次得勾选【互相衔接】（图3-28）。

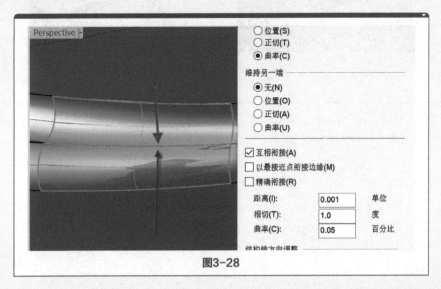

图3-28

完成后，可以看到曲面与曲面之间的连续性并不是特别完美，甚至有些地方还裂开了，所以此时需要按照顺序再执行一次【衔接曲面＝相切】如图3-29所示，序号1235【衔接＝相切】即可。

衔接曲面得到之后，接着执行 🔧【组合】曲面。如图3-30所示，倒角补面完成。

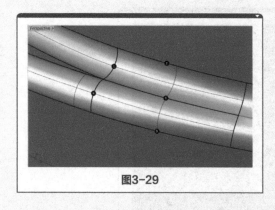

图3-29

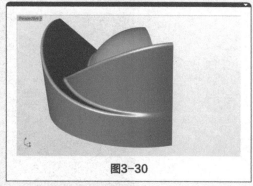

图3-30

把之前删掉的部分，进行 🔳【环形阵列】得到，最后再进行 🔧【组合】，那么完整瓶盖倒角就完成了（图3-31）。

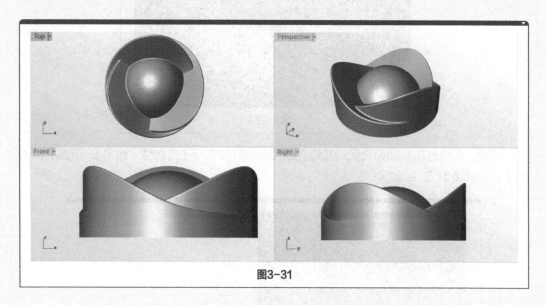

图3-31

iPhone4 手机建模案例

① 首先运行Rhino，在Front视图中导入图片，以原点为中心，绘制一根110mm的曲线以帮助定位背景图（图4-1）。

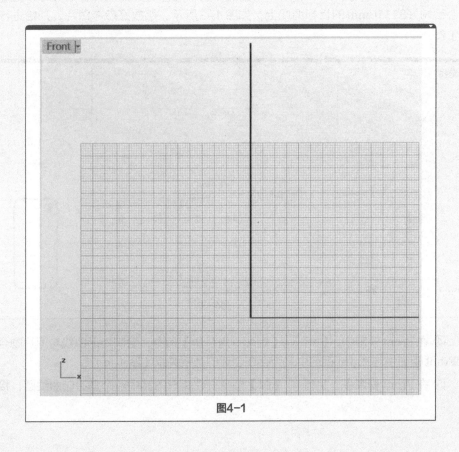

图4-1

② 在视窗中放置背景图。执行 ◙【背景图】指令，将图片置入视窗。本次案例在
Front视窗中与Right视窗中摆放背景图，并绘制参考定位曲线（图4-2）。在Front视窗中
与Right视窗中依次调整背景图，并按F7暂时隐藏格线，再次执行 ◙【背景图】指令，在
指令栏中取消默认的灰阶显示，可以使iPhone线稿效果更加清晰！

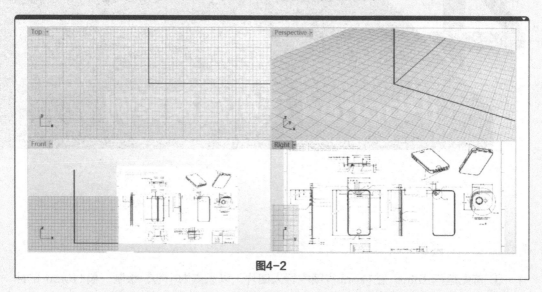

图4-2

③ 再次执行 ◙【背景图】指令，在指令栏中选择对齐指令，将图片对齐至以原点为
中心绘制好的110mm的目标曲线上，如图4-3所示。摆放好参考图片，开始进行建模绘
图工作。

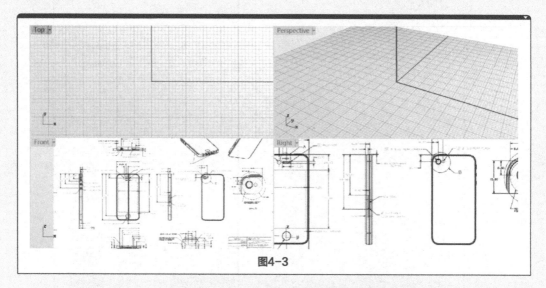

图4-3

④ 在Front视窗中，执行 ▭【矩形：角对角】指令，绘制矩形曲线与图片吻合，并检
查Front视窗中与Right视窗中是否存在合理的透视关系（图4-4）。

⑤ 在Front视窗中，执行 ◉【圆】指令，在矩形的其中一个角绘制曲线圆，接着使用

【镜像】指令，依次向右镜像和向下镜像得到图4-5，并执行【修剪】指令，得到如图4-6所示的效果。

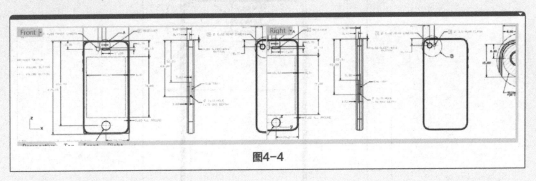

图4-4

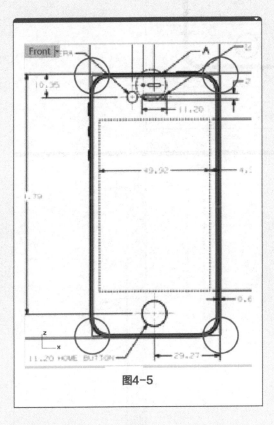

图4-5

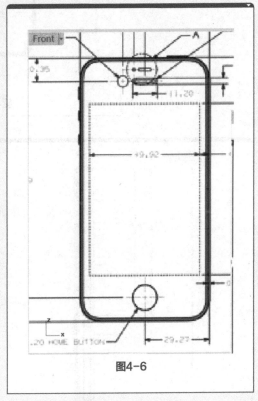

图4-6

⑥ 执行【可调式混接曲线】指令，混接曲线，并达到G1连续，甚至G2连续！混接完成，组合曲线，并执行【偏移曲线】指令，偏移系数为1，也可进行重新绘制操作，如图4-7所示。

⑦ 切换到Right视窗中，执行【挤出曲线】指令，在指令栏中依次点选两侧、实体选项。两侧、实体均选择是，挤出得到模型，并将模型着色显示，检查模型是否和图片吻合。如图4-8所示。

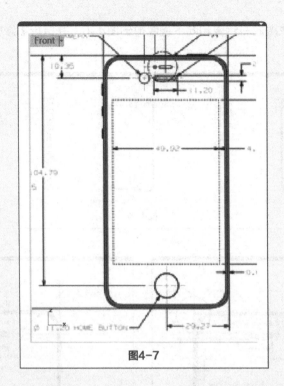

图4-7

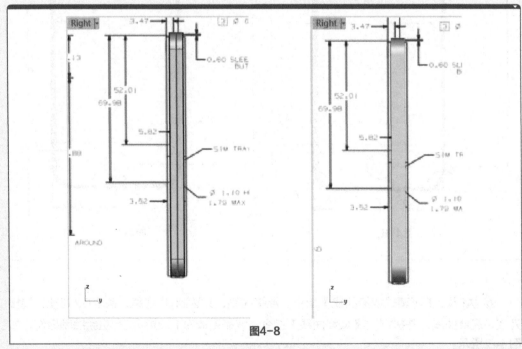

图4-8

⑧ 同样在Right视窗中，选取内壁曲线并执行 ■【挤出曲线】指令，在指令栏中依次点选两侧、实体选项。两侧、实体均选择是，挤出得到模型，并将模型着色显示，检查模型是否和图片吻合。然后切换到Perspective视图中观看，得到手机外轮廓。如图4-9所示。

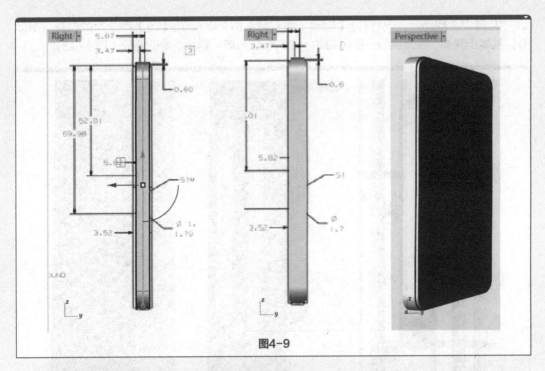

图4-9

⑨ 执行 ▢【矩形：角对角】指令，绘制轮廓外形细节。需注意的是，左右两边的高度不一致。执行 ▤【挤出曲线】指令，挤出曲线（图4-10）。

⑩ 执行 ☍【布尔运算分割】指令，进行布尔运算分割，删减不要的部分，并且改变图层，赋予模型材质，将窗口调整为渲染显示模式显示观看，进行图层与颜色上的区分（图4-11）。

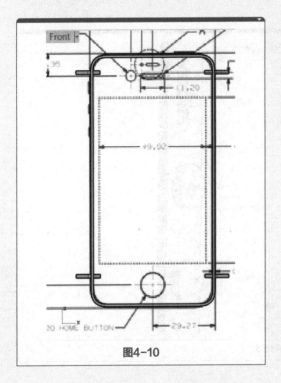

图4-10

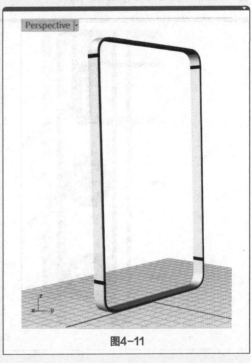

图4-11

⑪ 制作卡槽部分，执行 ▢【矩形：角对角】指令以及 ◉【圆】指令描绘机身卡槽细节。具体步骤是，绘制曲线-挤出物件-进行布尔运算-删除不要的部分（图4-12）。

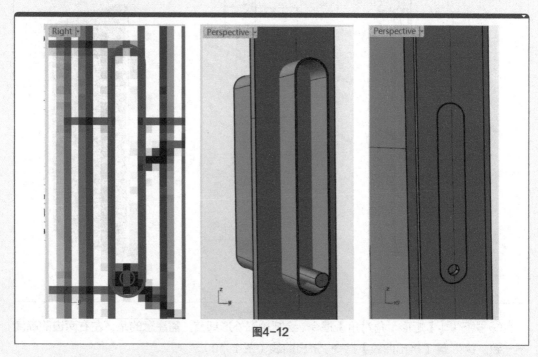

图4-12

⑫ 制作静音键和音量加减键细节部分。由于此部分细节较多，且制作方法与前面制作方法相同，故此部分只做统一画线再做布尔运算分割处理，最后，删除模型物件不要的部分，如图4-13所示，得到其效果。

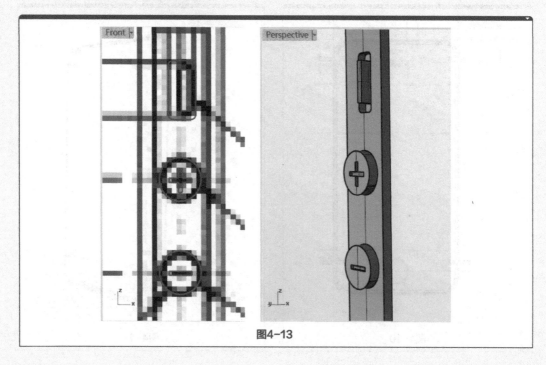

图4-13

⑬ 制作顶部细节，方法同上。此部分只做统一画线，再做布尔运算分割，最后删减不要的部分，如图4-14所示。渲染显示观察，如图4-15所示。

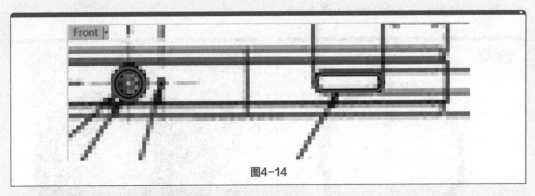

图4-14

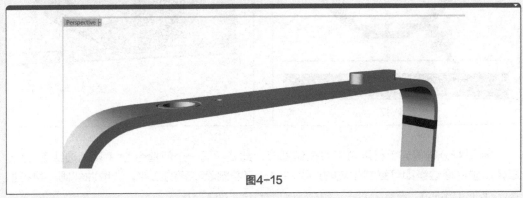

图4-15

⑭ 制作底部细节。此部分的方法操作与制作顶部细节方法同理，故此部分只做统一画线再做布尔运算分割的演示，然后删减不要的部分！注意，底部细节只做大体演示，如图4-16所示。

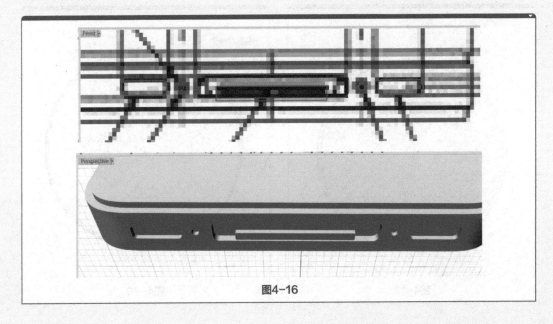

图4-16

⑮ 机身轮廓绘制完毕，接下来进行正反面屏幕绘制。先制作Home键，如图4-17所示，绘制曲线圆–进行挤出–分割。

挤出得到模型，并着色观察（图4-18）。

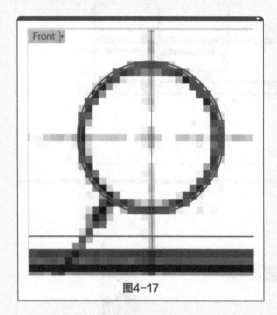

图4-17

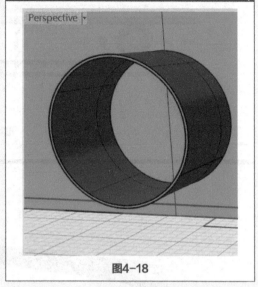

图4-18

⑯ 进行分割得到手机屏幕下方按钮部分，此处学习一个新指令 ▨ 【复制边缘】，通过鼠标点击曲面边缘即可复制相应的边缘曲线，接着删除不要的部件，选取曲线圆，执行指令 ▨ 【面积中心】，计算中心点，得到面积中心点（图4-19）。

执行【控制点画线】绘制出一条Home键的轮廓曲线，并调整其位置关系，执行指令 ▨ 【旋转成形】得到曲面（图4-20）。

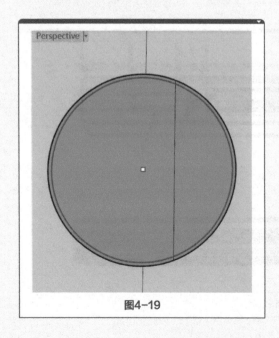

图4-19

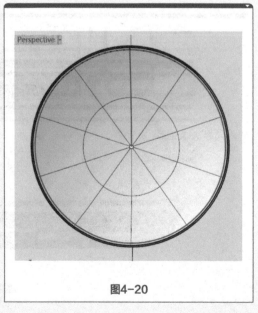

图4-20

⑰ 执行 ▢ 【矩形：角对角】指令，接着绘制 Home 键中细节部分，依次在指令栏选项中选择中心点、圆角选项，绘制完毕执行 📱【挤出曲线】指令，挤出曲线并作布尔运算操作，删除废弃模型部件（图 4-21 ）。

最终效果如图 4-22 所示。

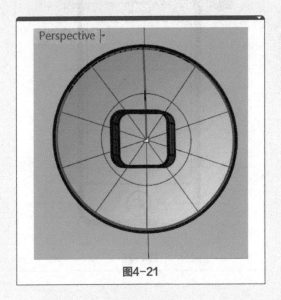

图4-21

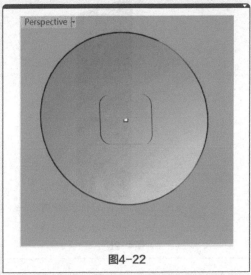

图4-22

⑱ 制作前后玻璃，此处较为简单，先执行 ◈ 【复制边缘】，调整曲线位置，绘制完毕后得到如图 4-23 所示的效果。

执行 📱【挤出曲线】指令，在指令栏中依次点选两侧、实体选项。两侧、实体均选择是。挤出曲线并作 ⚏ 【镜像】，紧接着执行 ⚭ 【布尔运算分割】操作（图 4-24 ）。

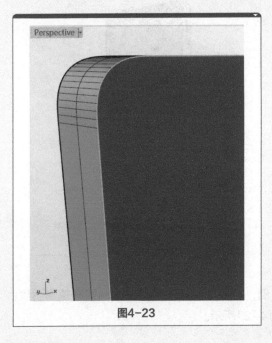

图4-23

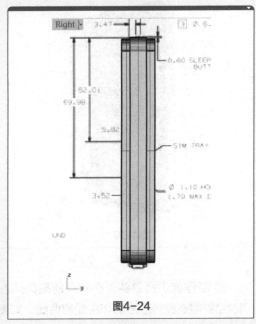

图4-24

删减不要的模型物件，最终效果如图4-25所示。

⑲ 制作屏幕，执行 ☐ 【矩形：角对角】指令绘制屏幕曲线（图4-26）。

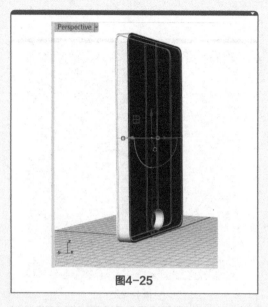

图4-25

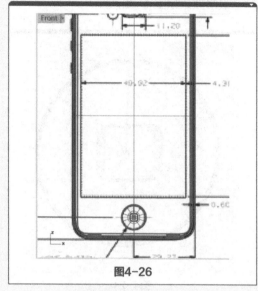

图4-26

选取曲线进行 🔲 【挤出曲线】，紧接着执行 🔗 【布尔运算】操作，删减不要的物件，最终效果如图4-28所示。

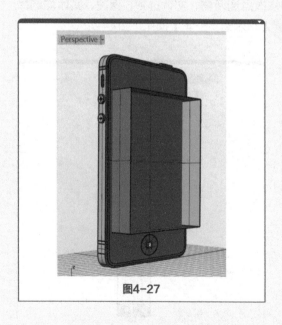

图4-27

图4-28

⑳ 制作前后摄像头。在此以前摄像头为例，后摄像头同理可得。绘制圆形轮廓曲线，同时绘制需要旋转成形的相应轮廓曲线，如图4-29所示。

执行指令 🔑【旋转成形】，得到曲面（图4–30）。

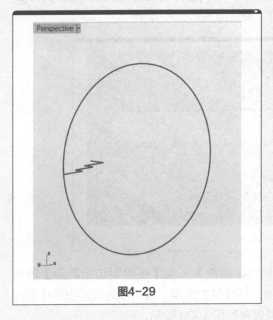

图4–29

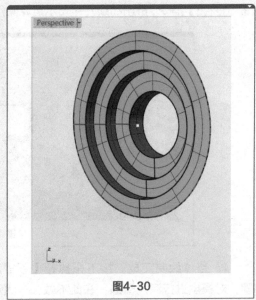

图4–30

挤出边缘曲线组合成实体，并在中心点的位置执行 ⬤【球体：中心点、半径】指令，绘制出类似摄像头的外观模型（图4–31）。

接着，执行 🔗【布尔运算】，删减不要的模型物件。执行 ◈【复制边缘】，进行摄像头屏幕制作。执行 ◎【以平面曲线建立曲面】指令，制作完成，改变其图层，并且修改其透明度显示。最终效果如图4–32所示。

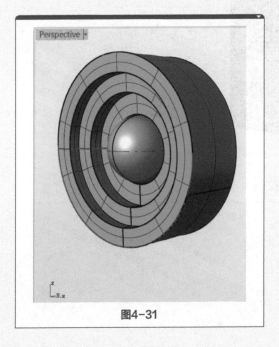

图4–31

图4–32

㉑ 绘制前摄像头旁边细节，执行 ▭【矩形：角对角】指令，接着绘制摄像头旁边细节部分。依次在指令栏选项中选择中心点、圆角选项，并调整其位置关系，绘制完毕执行 🔲【挤出曲线】指令，挤出曲线并作布尔运算操作。最终效果如图4-33所示。

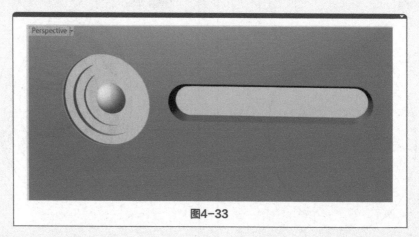

图4-33

㉒ 整体绘制完成。接下来执行【不等距边缘圆角】以及【不等距边缘斜角】的步骤，对模型进行深入塑造，在此不做一一演示。在建模的时候，也可以先对模型部件先做【不等距边缘圆角】处理。最终整体机型建模效果如图4-34所示。

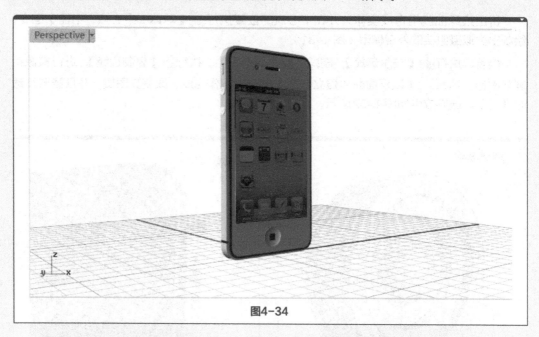

图4-34

5 耳机建模案例

① 首先使用 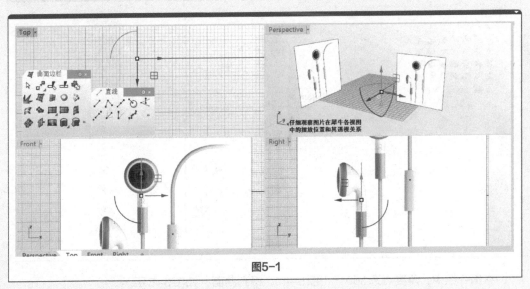 【帧平面】指令把图片导入Rhino中，分别在Front与Right视图中摆放图片，并且使用 【直线：从中心点】指令绘制一根长70mm的曲线，即输入数值35mm。如图5-1所示。

图5-1

② 观察图片可知此耳机是对称图形，因此在建模此类产品的时候均绘制其一半即可。接下来绘制产品轮廓曲线，在Right视图中我们使用 ⌐ 【控制点画曲线】指令绘制出一根3阶5点的曲线。如图5-2所示。

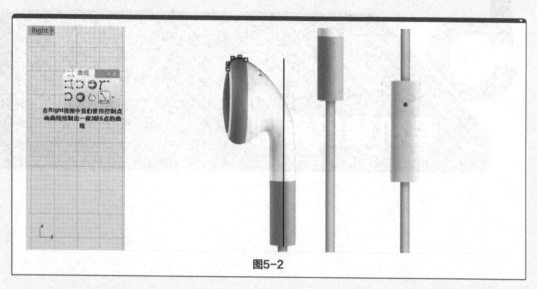

图5-2

③ 曲线绘制完毕，接下来可以使用曲面边栏中【旋转成形】指令得到曲面。如图5-3所示，先在Front视图中定位出此中心点。

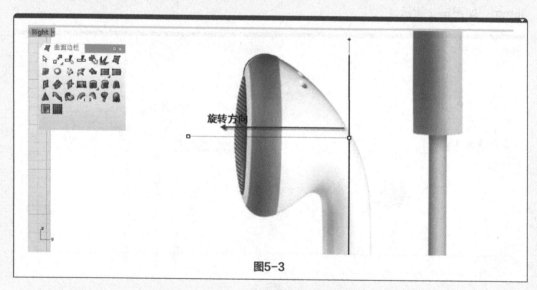

图5-3

在指令栏中，角度点选360°（图5-4），得到曲面，如图5-5所示。

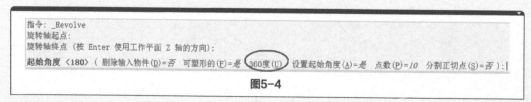

图5-4

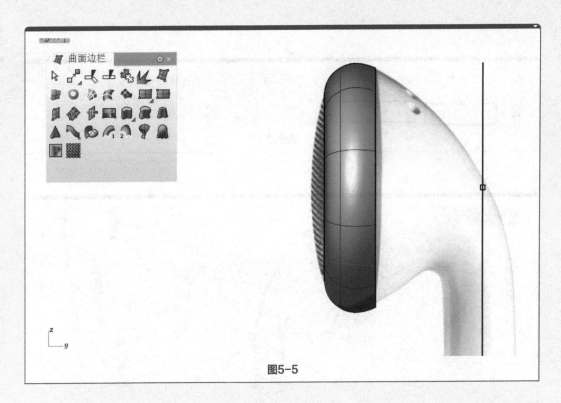

图5-5

在透视图中的造型如图5-6所示。

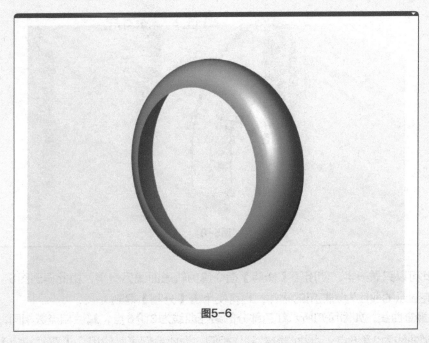

图5-6

④ 使用 ☐ 【控制点画曲线】指令，绘制出耳机机身的轮廓曲线（红色），将路径线统一为3阶6点。使用 ◎ 【圆：中心点、半径】指令依次点选指令栏参数，绘制机身轮廓轨道曲线（图5-7、图5-8）。

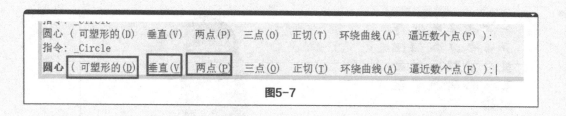

图5-7

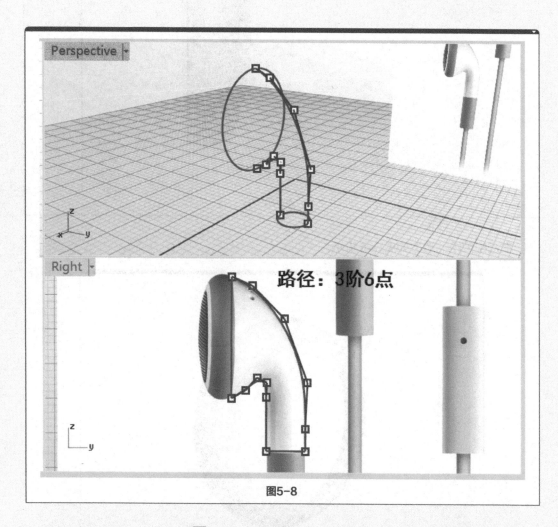

图5-8

　　在此可以只做一半，使用 【修剪】指令修剪轨道曲线另一半，由此得到图5-9（注：图中光亮显示的曲线为切割用的物件，也可使用 【分割】得到）。

　　⑤ 检查曲线，如图可知所示红色部分的路径曲线为3阶6点，属性和点数相同，蓝色部分的轨道曲线为3阶5点，点数与阶数同样相同。为此我们可以使用 【双规扫掠】构建曲面，如图5-10所示（注：如遇轨道属性不一致，可考虑使用 【重建曲线】进行重建）。

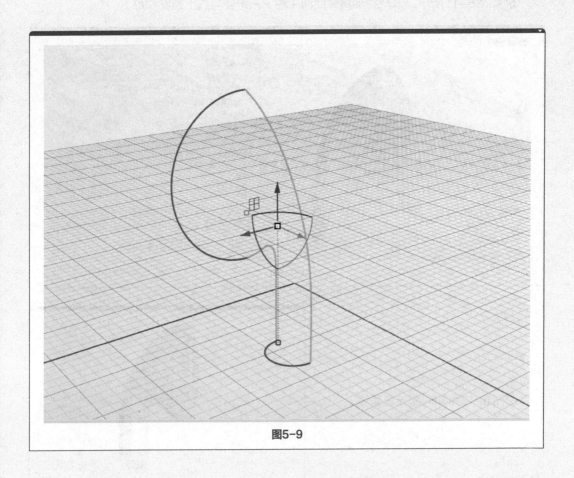

图5-9

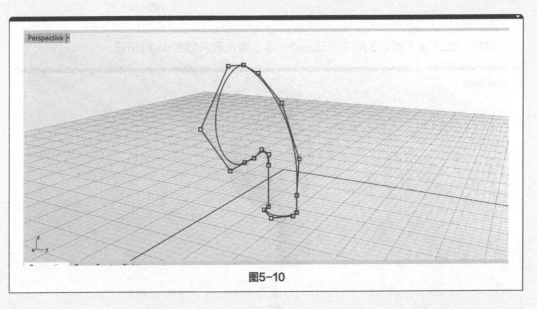

图5-10

⑥ 如图5-11所示，双轨得到精简曲面（注：一定要勾选上最简扫掠）。

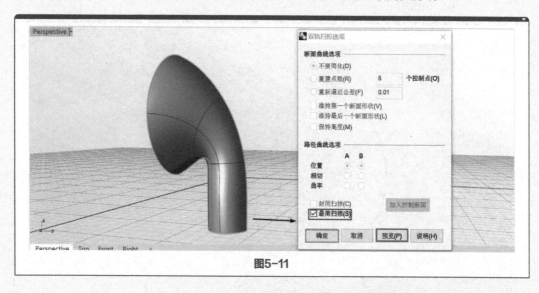

图5-11

由图5-12可知曲面光影质量。

图5-12

然后，通过 【镜像】指令得到另外一半，着色显示如图5-13所示。

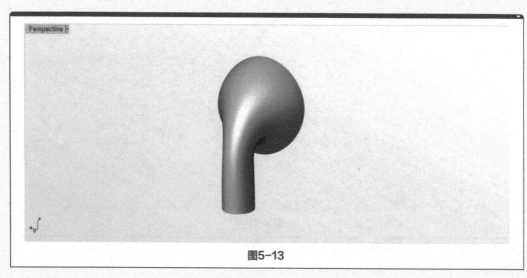

图5-13

⑦ 显示全部物件，并通过 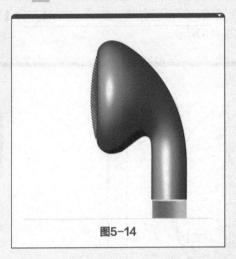【组合】指令组合单一曲面，着色观看，如图5-14所示。

图5-14

⑧ 绘制灰色部分，在Right视图中使用⊙【圆：中心点、半径】指令依次点选指令栏参数进行绘制，如图5-15所示。得到曲线并使用【挤出】⬛指令，挤出曲线（图5-16）。

指令: _Circle
圆心 （ 可塑形的(D)　垂直(V)　两点(P)　三点(O)　正切(T)　环绕曲线(A)　逼近数个点(F) ）:|

图5-15

⑨ 绘制耳塞曲面，使用⟲【控制点画曲线】指令，绘制出耳机耳塞的轮廓曲线，红色线为旋转成形辅助线（图5-17）。

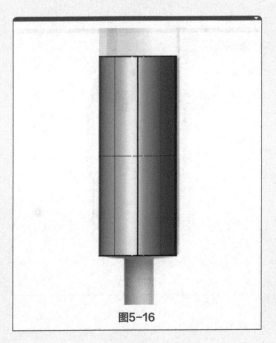

图5-16

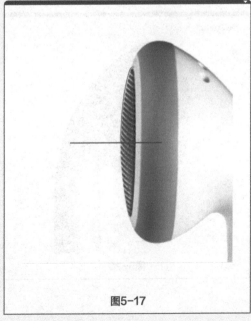

图5-17

⑩ 执行【旋转成形】指令得到曲面（图5-18）。

⑪ 耳机外形曲面构建完成，组合所有单一曲面，并执行 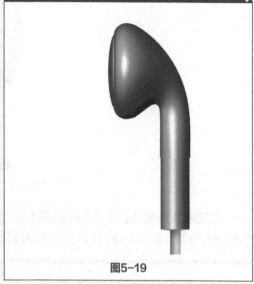【将平面洞加盖】指令，对模型进行加盖处理，如图5-19所示。

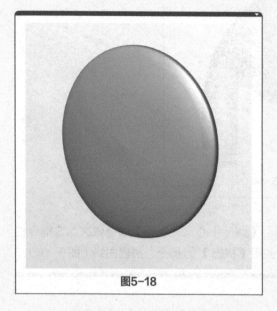

图5-18

图5-19

⑫ 对模型进行倒角处理。执行 【不等距边缘圆角】，倒角系数为0.1，最终效果如图5-20所示。

⑬ 绘制一根曲线，执行 【圆管】指令，生成下面耳机曲线，对模型机身执行 【布尔运算分割】指令，并执行 【不等距边缘圆角】，圆角系数为0.1，完善并调整其他细节，得到最终效果（图5-21）。

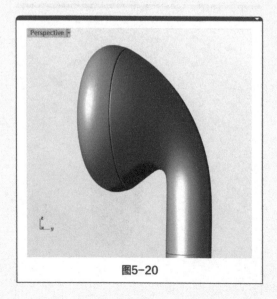

图5-20

图5-21

6

音响建模案例

① 正确摆放建模背景图片。首先在【Top】视图，以原点位中心，使用 ✎【直线：从中点】指令，绘制出一根30mm的曲线，输入数值15即可，如图6-1所示，并将曲线颜色修改为红色。

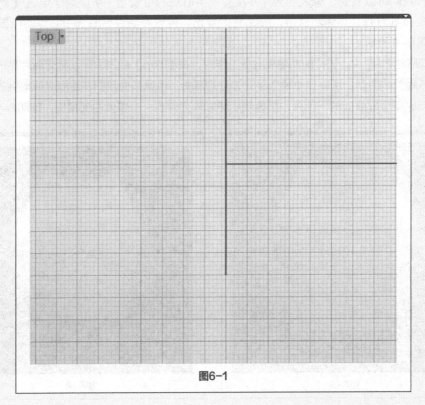

图6-1

② 导入背景图。使用菜单栏中的 ▣【导入背景图】指令，将会出现文件浏览对话框，选择将图片导入，需注意在指令栏中：灰阶＝否，置入的图片才会以彩色显示，并且需将背景图导入【Top】视图中。如图6-2所示。

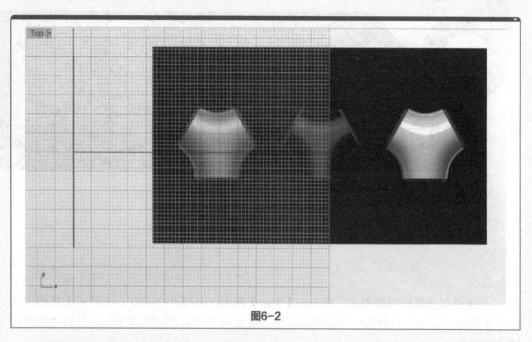

图6-2

此时我们可以看到，导入的图片并没有在中心点的位置上，所以需使用 ▣【对齐背景图】指令将其对齐，具体步骤是，先绘制参考线，再对齐到目标曲线中心点的位置，即原点，如图6-3所示。

③ 观察模型图片。进行前期建模准备工作时，在【Top】视图中可以看到图片是一个类似于一个三通管的造型，所以这个模型是三等分的概念，也就是说我们在建模这种案例的时候可以先按照底图生成曲面的一部分，接着使用环形阵列得到一个整体曲面模型，如图6-4所示。

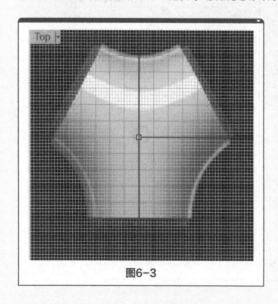

图6-3

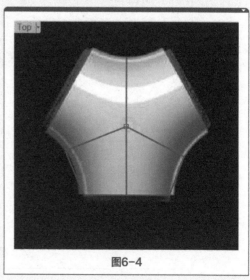

图6-4

④ 绘制曲线。以中心点为基础，描绘图片轮廓，执行 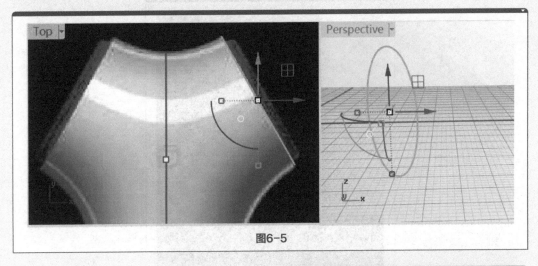【圆：中心点、半径】指令，如图6-5所示，由于视图因素，且是在顶视图作图，所以需要在指令栏中依次点选【可塑形的】-【两点】-【垂直】，就可以在【Top】视图中绘制出一个垂直圆。

图6-5

执行 【环形阵列】指令，以中心点为基准点进行环形三等分，将绘制好的曲线进行环形阵列，得到如图6-6所示的效果。可见，使用此指令可以快速地将背景图曲线绘制完毕。

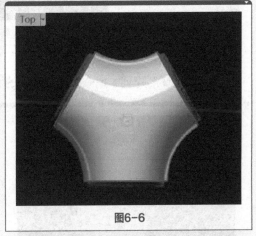

图6-6

⑤ 绘制并调整曲线：先使用 【多重直线】指令连接曲线圆两端，如图6-7所示。

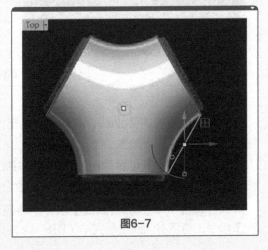

图6-7

接下来，执行 【更改曲线或曲面阶数】指令，将这条曲线重新升阶为一条3阶4点的曲线，并调整其位置与背景图吻合，如图6-8所示。

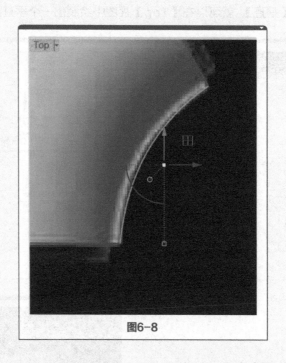

图6-8

执行 【环形阵列】指令，将描绘好的曲线进行环形阵列，得到如图6-9所示的效果。

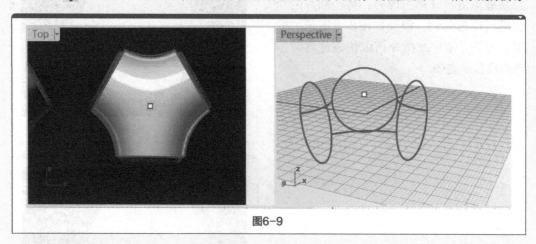

图6-9

⑥ 绘制出中心参考曲线，在原点绘制出一条垂直于工作平面的曲线，并将颜色修改为绿色，以便于观看，如图6-10所示。

在曲线圆的中点位置绘制一条曲线到中心参考曲线处，并在连接曲线圆与曲线圆的曲线的中点位置绘制一条曲线，再将曲线修改为蓝色显示，如图6-11所示。

执行 【可调式混接曲线】指令，将蓝色曲线进行可调式混接，并执行 【环形阵列】指令，将所有曲线绘制完毕（图6-12）。

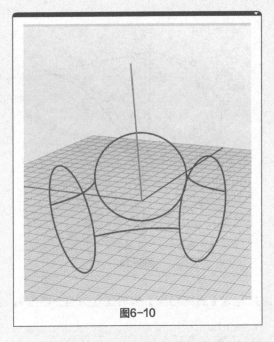

图6-10

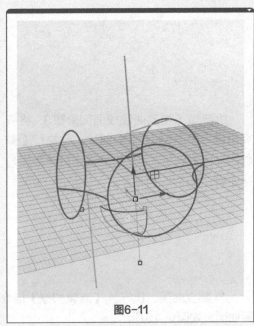

图6-11

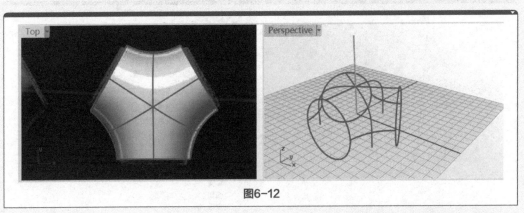

图6-12

⑦ 修剪并调整曲线，我们知道这是一个三等分的模型，可以只建模其中一部分，所以在曲线框架绘制完毕的情况下，可以只留下一部分，使用 【修剪】指令将其余不要的曲线修剪去除。如图6-13所示，留下一个四边的形状。

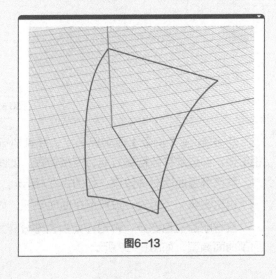

图6-13

执行 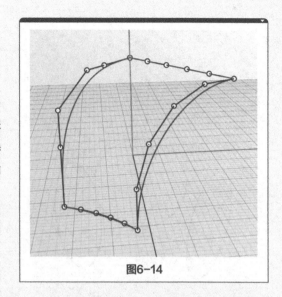【更改曲线或曲面阶数】，将所有曲线升阶为5阶6点的曲线，并执行【参数均匀化】指令，将所有曲线进行参数均匀化处理，如图6-14所示。

图6-14

⑧ 建立曲面。执行【双轨扫掠】指令，并勾选【最简扫掠】选项建立曲面，得到最简曲面，如图6-15所示。

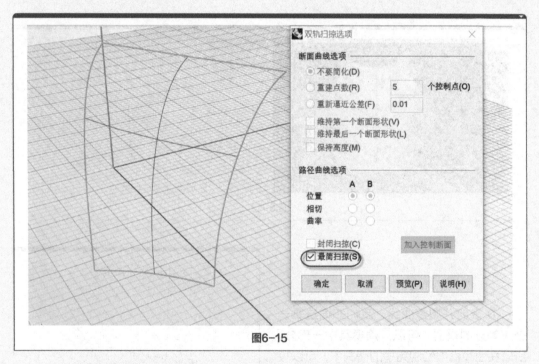

图6-15

⑨ 执行【镜像】得到另一半，并且执行曲面衔接指令，在此连续性＝曲率，选择互相衔接，勾选维持结构线方向，衔接参数。如图6-16所示。

着色观看曲面对称效果，如图6-17所示。

再次镜像一个单元，进行衔接曲面处理，如图6-18所示。

接着删除蓝色部分，再选择此白色部分作为一个单元，进行【环形阵列】，得到音响顶部曲面造型，如图6-19所示。

衔接曲面

连续性
- ○ 位置(S)
- ○ 正切(T)
- ● 曲率(C)

维持另一端
- ● 无(N)
- ○ 位置(O)
- ○ 正切(A)
- ○ 曲率(U)

- ☑ 互相衔接(A)
- ☐ 以最接近点衔接边缘(M)
- ☐ 精确衔接(R)

距离(I):	0.001	单位
相切(T):	1.0	度
曲率(C):	0.05	百分比

结构线方向调整
- ○ 自动(A)
- ● 维持结构线方向(P)
- ○ 与目标结构线方向一致(M)
- ○ 与目标边缘垂直(K)

确定　　取消

图6-16

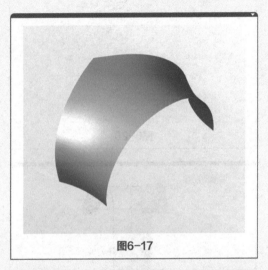

图6-17

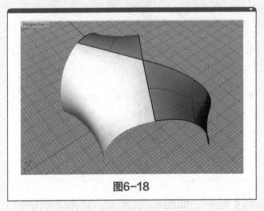

图6-18

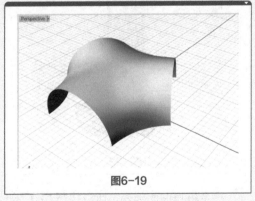

图6-19

⑩ 制作音响高度及底部曲面：首先来到【Front】视图，绘制出一根90mm的长直线，为音响的整体高度，如图6-20所示。

执行 ⚙【镜像】指令，将原先制作好的曲面，镜像并复制一份，并且移动开一定的距离，如图6-21所示。

⑪ 制作机身曲面，执行 ⚙【放样】指令，绘制出机身曲面，连接底部与顶部，如图6-22所示。

放样完成，接着执行 【衔接曲面】指令，匹配机身曲面与顶部和底部之间的连续性，用机身曲面的边缘去衔接顶部与底部的边缘，连续性选择为正切即可。然后再将机身曲面与机身曲面互相衔接，一边正切即可。如图6-23所示，衔接得到其结果。

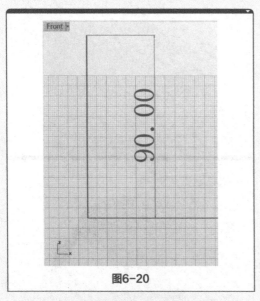

图6-20

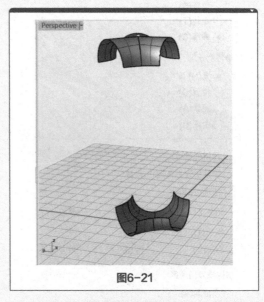

图6-21

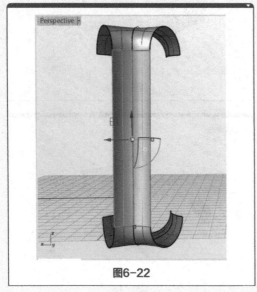

图6-22

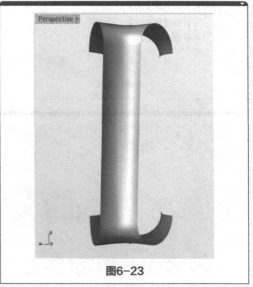

图6-23

剩余机身曲面部分，可以执行 【环形阵列】得到。如图6-24所示，环形阵列三份，衔接完全并组合，大形体基本建模完成。

⑫ 制作细节部分，组合所有曲面。直接执行 【将平面洞加盖】指令，一键得到。但需要注意的是，执行此指令时，边缘没有封闭或不是平面的缺口都是无法加盖的。所以如果这里不能直接封平面，为了减少不必要的麻烦，也可以选择使用 【放样】指令放样得到曲面，接着执行 【环形阵列】指令，环形阵列三等分后进行 【组合】。如图6-25所示着色显示观看。

图6-24

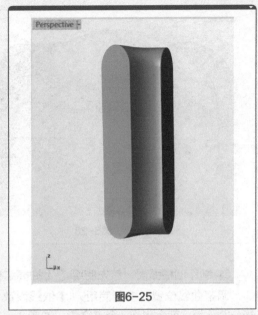

图6-25

⑬ 圆角处理。执行 ⬛【不等距边缘圆角】指令，进行倒角，倒角系数为1，倒角完成，如图6-26所示。

⑭ 使用 ⬛【设定工作平面至物件】指令，将工作平面改动到需要编辑的曲面（图6-27）。

接下来复制曲面的边缘线，执行 ⬛【复制边缘线】指令，复制出曲线并进行 ⬛【组合】。组合完成后，执行 ⬛【偏移曲线】指令，向内偏移0.3个系数。如图6-28所示。

点击执行 ⬛【挤出曲线】，将曲线挤出成体。并执行 ⬛【不等距边缘圆角】指令，进行倒角，倒角系数为0.3。如图6-29所示着色显示。

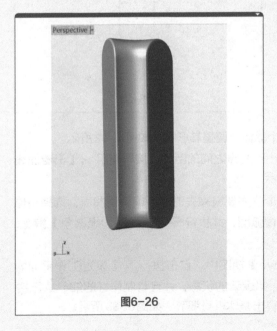

图6-26

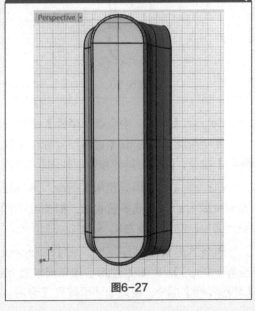

图6-27

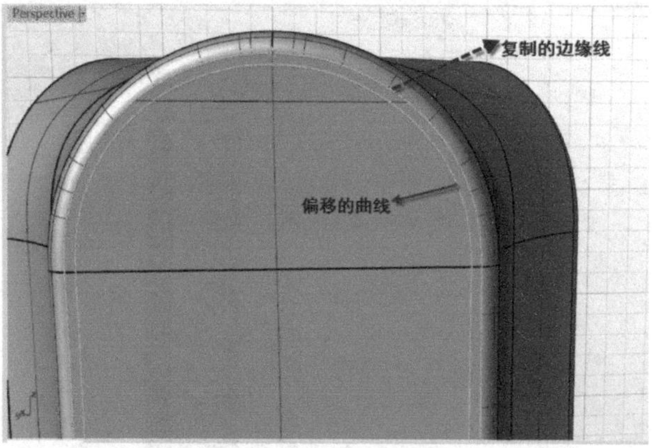

图6-28

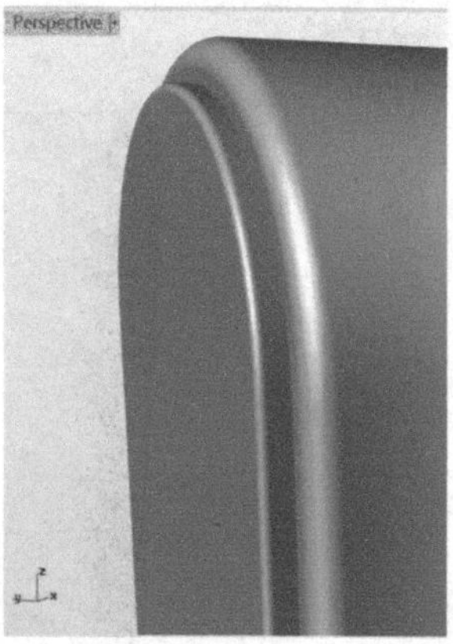

图6-29

⑮ 制作凹槽弧面。首先使用【抽离结构线】抽离出一条曲线，如图6-30所示。

调整曲线位置，接着使用【依线段数目分段曲线】指令，分成3段，在指令栏中选择分割=否，就会出现4个点物件。如图6-31所示。

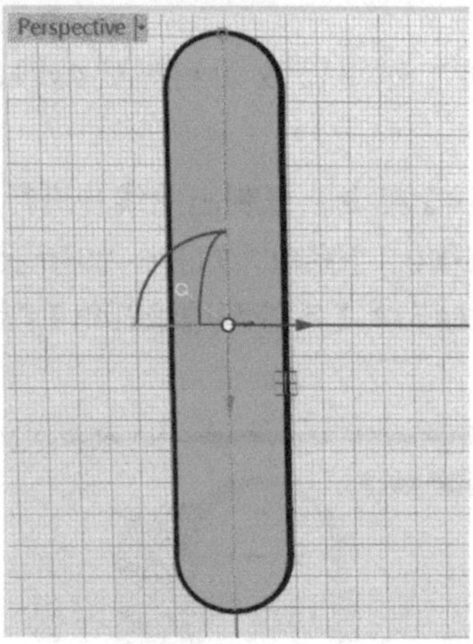

图6-30

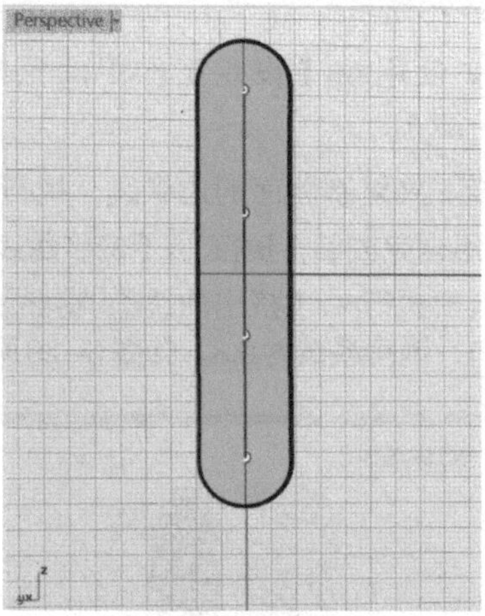

图6-31

执行【球体：中心点、半径】绘制一个球体，调整其形状，如图6-32所示。

先使用测量工具【直线尺寸标注】测出点与点之间的距离，接着使用【沿着曲线阵列】指令，阵列出其他球体，如图6-33所示。

执行【布尔运算差集】指令，选择矩形状为要被减去的曲面或多重曲面，选择小球为要被减去的曲面或多重曲面，得到细节凹槽弧面，并执行【不等距边缘圆角】指令，进行倒角，倒角系数为3，如图6-34所示。

机身大致细节制作完毕。在【Perspective】视图中，点击执行【设定工作平面为世界（Top）】，将修改过的工作平面恢复到原始默认的状态，并且将制作好的细节执行【环形阵列】指令，将细节环形阵列三份后，得出整体机身细节。如图6-35所示。

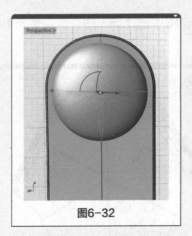

图6-32

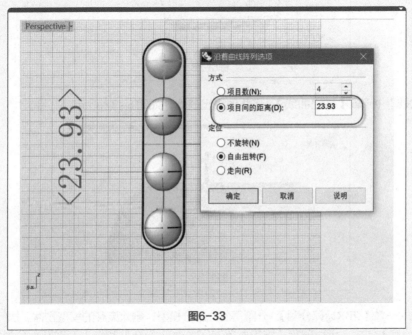

图6-33

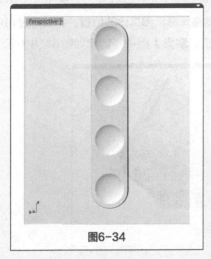

图6-34

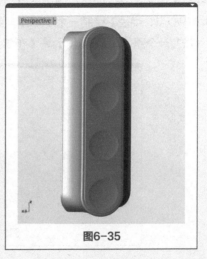

图6-35

⑯ 绘制顶部小按钮细节，使用 【圆：中心点、半径】绘制一个大小合适的曲线圆形，如图6-36所示。

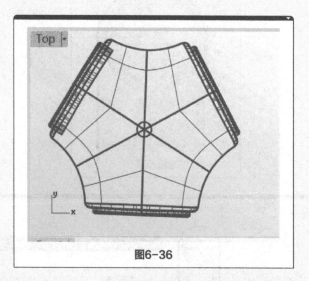

图6-36

对曲线圆执行 【挤出曲线】，将曲线挤出成体，如图6-37所示。

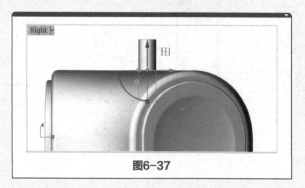

图6-37

并且执行 【布尔运算分割】，分割得到此部分模型，删除废弃的模型物件。执行 【不等距边缘圆角】指令，进行倒角，倒角系数为0.1。接下来在此物件上方绘制一个半球：执行 【球体：中心点、半径】绘制一个小球体，调整其形状和具体的位置，将其通过布尔运算联集的方式合并为一个整体，最后执行 【布尔运算联集】指令，得到如图6-38所示的效果。

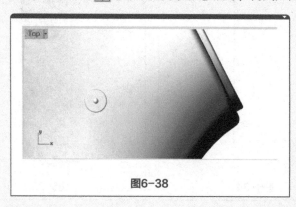

图6-38

⑰ 建模调整完成，最终模型成品如图6-39所示。

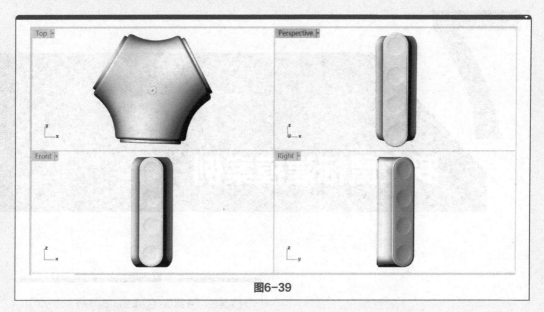

图6-39

7

罗技鼠标建模案例

① 建模环境模板的设置。首先建立图层，分别建立曲线图层、曲面图层、模型整体图层、细节图层等图层。这样便于后期的制作以及渲染颜色的区分，图层设定完毕，如图7-1所示。

接着执行 【选项】指令，弹出对话框，可以看到【单位】，然后进行检查模型单位和绝对公差设置（图7-2）。

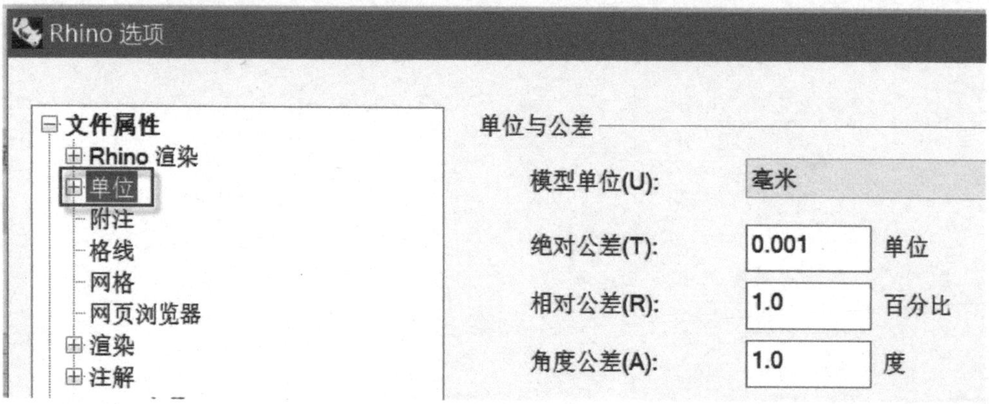

图7-1

图7-2

保存为模板。点击【文件】找到【保存为模板】，接着会弹出对话框，自行找到合适的路径保存即可（图7-3）。

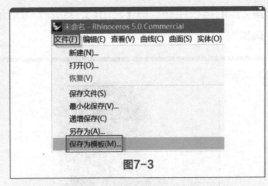

图7-3

② 设置模型基本尺寸。拿到模型图，可以看到是一个鼠标，那么我们可以在以中心点的位置设定这个鼠标的长度，执行 【多重直线】指令，绘制一根90mm的直线作为长度，同时也方便我们在Rhino视窗中放置好背景图（图7-4）。

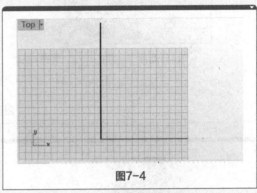

图7-4

③ 置入背景图。执行背景导入工具 【背景图】指令，导入建模所需图片，在指令栏点击【灰阶=否】，这样图片就会以彩色显示。此次建模分别在【Top】视图和【Right】视图导入图片，如图7-5所示。

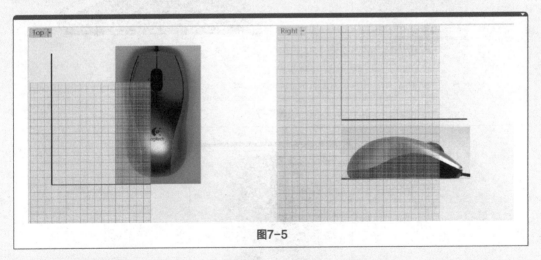

图7-5

将导入的背景图片，对齐到起初画的参考线的位置，绘制参考曲线，如图7-6所示。

执行 【对齐背景图】指令，将图片对齐到目标曲线的位置，对齐完毕，隐藏或删除参考曲线，如图7-7所示。

④ 绘制曲线构建鼠标大面。在【Top】视图中，开始绘制曲线，执行 【控制点曲线】指令，开始绘制，起点为原点的位置，第2点与第1个控制点达到相切关系，故绘制

第2点时需按住键盘键【Shift】，如图7-8所示，绘制出一根3阶7点的曲线，需贴合图片造型。

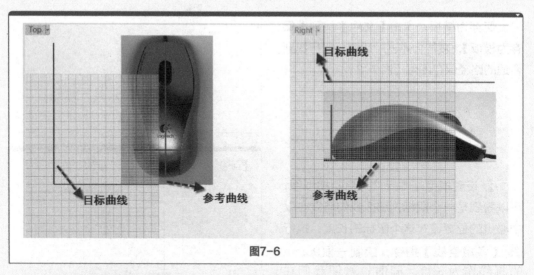

图7-6

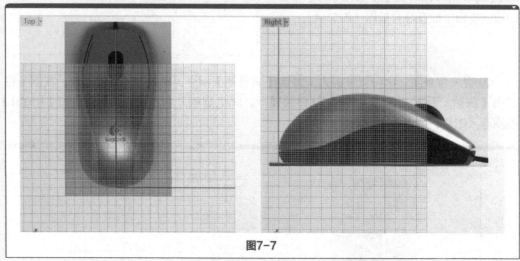

图7-7

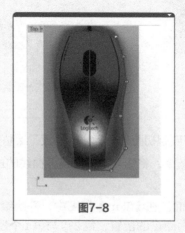

图7-8

绘制完毕，切换到【Right】视图，调整曲线的空间位置关系，打开曲线的控制点，在【Right】视图垂直向上调整曲线的位置，调整完成最终效果（图7-9）。

曲线绘制调整完成，使用 ◀▶【镜像】指令，在【top】中，以【Y】轴为基准点，镜像出另一侧的曲线造型，如图7-10所示。

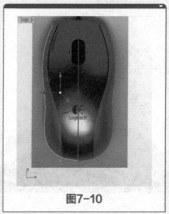

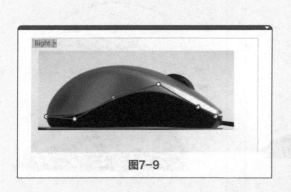

图7-9

图7-10

镜像得到左右两边的造型曲线，并执行 ▨【放样】指令，将曲线进行成面，如图7-11所示。

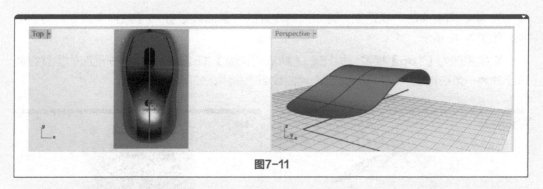

图7-11

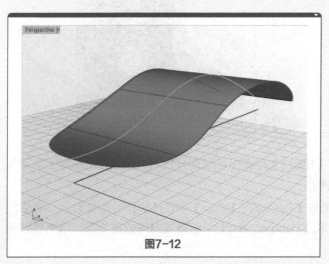

图7-12

可以看到，曲线放样的结果并不是我们所需要的造型。故此步骤只是生成曲线的一种方式，执行 ▨【抽离结构线】指令，在曲面中间抽离一条结构线，作为鼠标中间的曲线，如图7-12所示。

提取完毕，将曲面进行删除。得到曲线，观察曲线位置关系。

打开其曲线控制点，并参考底部背景图，开始调整中间曲线的位置，如图7-13所示，在【Right】视图中进行调整，最终结果如图7-14所示。

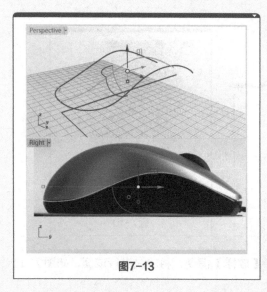

图7-13

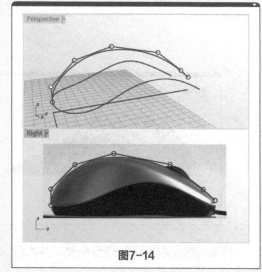

图7-14

⑤ 绘制渐消曲的曲线造型。将原先制作好的三条曲线进行 【放样】指令，得到曲面，如图7-15所示。

切换视图为【Top】视图，执行 【抽离结构线】指令，参考背景渐消面的位置在曲面上抽离一条结构线，作为鼠标顶部渐消曲线面的曲线，如图7-16所示。

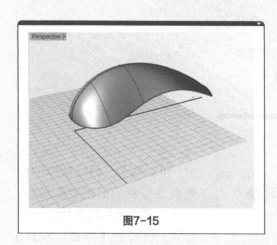

图7-15

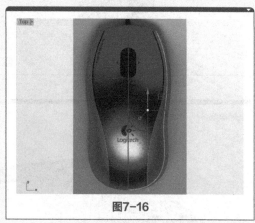

图7-16

删除曲面，在【Top】视图和【Right】视图中，根据背景图的位置，对抽离出来的曲线进行调整，最终结果如图7-17所示。

将调整好的曲线，使用 【镜像】指令，在【Top】中以【Y】轴为基准点，镜像出另一侧的曲线造型，并在【Top】和【Perspective】中观察其空间位置关系，绘制顶部曲线并调整完成，如图7-18所示。

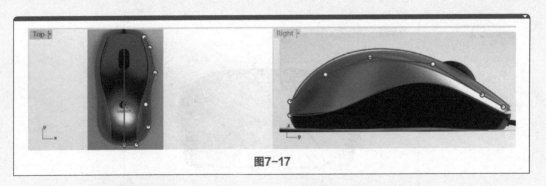

图7-17

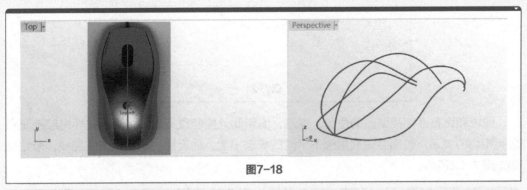

图7-18

⑥ 生成曲面。利用刚才生成的5条曲线，执行 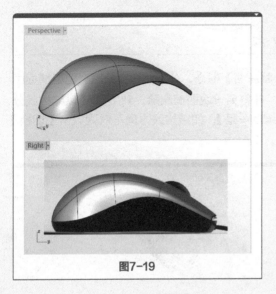【放样】指令，重新放样得到曲面，并将曲线更改图层至【曲线图层】做好备份（图7-19）。

⑦ 调整曲面尾部收敛点中部分控制点的排列。按【F10】，打开曲面控制点，可以看到曲面尾部的控制点排列并不理想（图7-20）。

图7-19

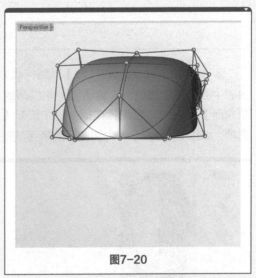

图7-20

调整控制点，首先切换视图到【Front】视图，执行 ⊙【椭圆：从中心点】，绘制一个椭圆，作为一个参考曲线（图7-21）。

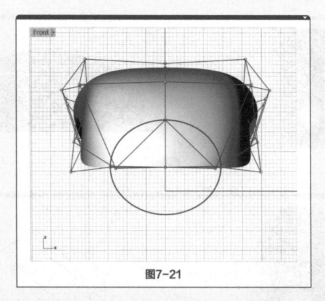

图7-21

编辑和调整曲面控制点的位置，注意，编辑此处控制点须牢记，不能破坏尾部控制点之间相切的关系，否则会造成尾部不平滑的状态出现。曲面控制点位置调整完成，最终结果如图7-22所示。

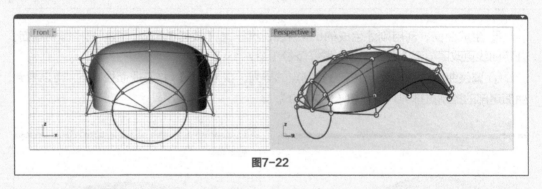

图7-22

⑧ 制作渐消曲面。使用 🔲 【以结构线分割曲面】指令，分割曲面，分割时记得捕捉中曲面中心的结构线位置，将曲面分割成两块，并将另一块曲面删除。利用 🔲 【以结构线分割曲面】指令时，应注意在指令栏中选择【缩回＝是】，如结构线方向不对则点击【切换】选项，如图7-23所示，为切割后的最终结果。

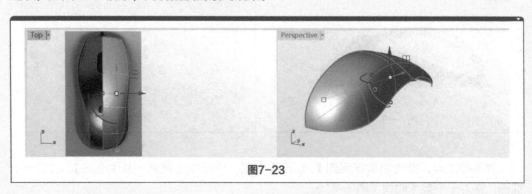

图7-23

接下来切割渐消曲面,首先切换视图到【Right】视图中,找到渐消曲面的终止处,使用⚒【以结构线分割曲面】指令,分割曲面,得到图7-24。

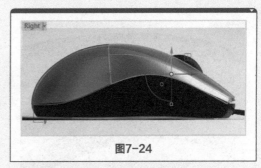

图7-24

继续分割,切换视图到【Top】视图中,继续使用⚒【以结构线分割曲面】指令,分割曲面,得到图7-25中的上图。同时,分隔的最终结果如图7-25中的下图所示。

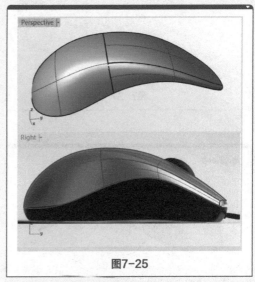

图7-25

⑨ 编辑渐消曲面。首先打开曲面的控制点,分别在圆圈标记处使用⋀【多重直线】指令,绘制一根辅助曲线直线,如图7-26所示。

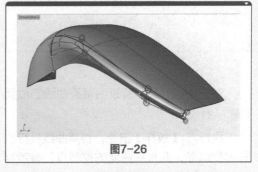

图7-26

使用⚏【移动】指令,按顺序依次将曲面上的控制点,利用【最近点】或【垂点】的捕捉方式,拖拽到直线上,如图7-27所示。

依次按照此操作,将曲面上的控制点,利用【最近点】或【垂点】的捕捉方式,拖拽到直线上并制作出渐消曲面的效果,最终效果如图7-28所示。

⑩ 制作鼠标底部曲面。首先将原先隐藏好的曲线显示出来,并再次隐藏掉不需要的曲线,如图7-29所示显示出曲线。

接着使用▦【设定 XYZ 坐标】指令,将曲线对齐至背景图中鼠标底部的边缘,在【Right】视图中往【Z】轴方向进行对齐,并且在指令栏中,点选【复制】一项,如图7-30所示。

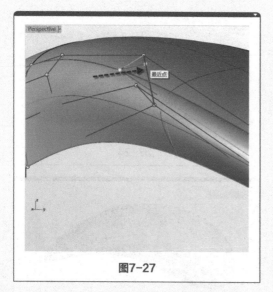

图7-27

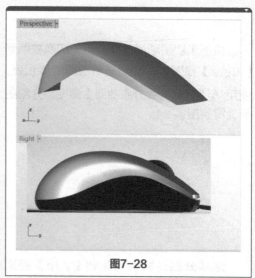

图7-28

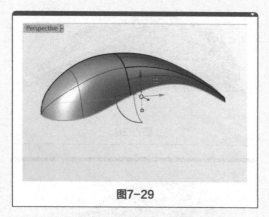

图7-29

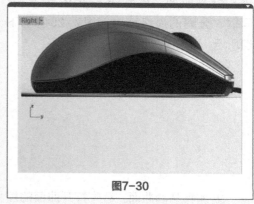

图7-30

对齐完成，参考背景图调整曲线的位置（图7-31）。

执行 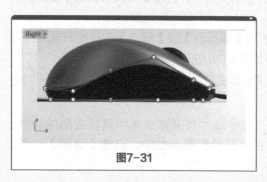 【放样】指令，将两曲线进行放样得到曲面，并打开曲面的控制点，参考背景图进行调整，如图7-32所示。

图7-31

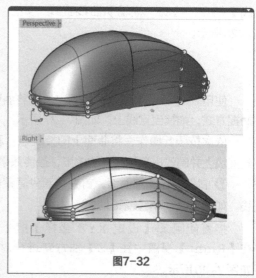

图7-32

⑪ 制作鼠标顶部前脸曲面部分。执行 【单轨扫掠】指令，分别利用图中的曲面边缘作为断面和路径，进行单轨扫掠得到曲面，并且在单轨扫掠时勾选最简扫掠，如图7-33所示。

调整好曲面形状，使用 【镜像】指令，将顶部曲面往【Y】轴方向镜像，得到完整的顶部曲面并观察，可以看到前脸部分并没有接好，如图7-34所示。

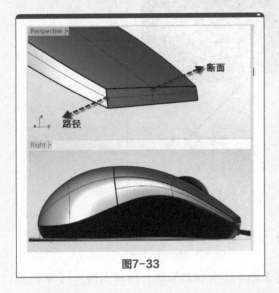

图7-33

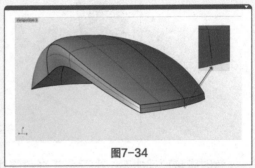

图7-34

执行 【衔接曲面】指令，将其曲面衔接好，衔接参数如图7-35所示，并着色观察顶部曲面的整体效果。至此，顶部曲面制作完成。

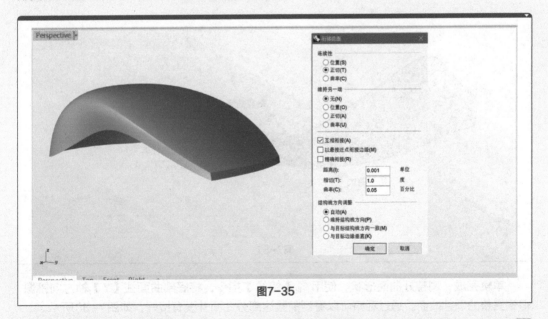

图7-35

⑫ 制作鼠标底部前脸曲面部分。这里的制作方法与顶部前脸一样，统一执行执行 【单轨扫掠】指令，分别利用图中的曲面边缘作为断面和路径，进行单轨扫掠得到曲面，并

且在单轨扫掠时勾选【最简扫掠】。但是此处的断面线需要先从顶部单轨出来的曲面上复制出其边缘曲线，执行 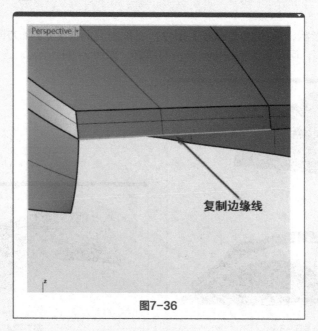【复制边缘】指令即可得到。如图7-36所示。

图7-36

暂时隐藏顶部曲面，执行 【隐藏物件】指令即可将其隐藏，接着点击 【单轨扫掠】指令，勾选【最简扫掠】即可，如图7-37所示。

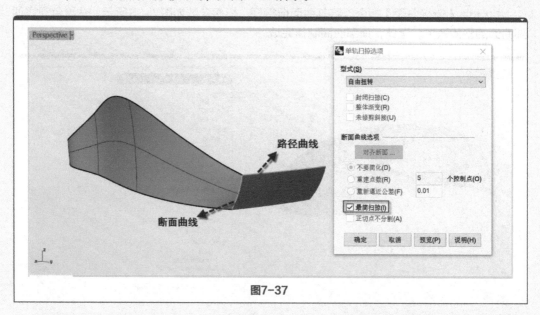

图7-37

单轨完成，调整好曲面形状，使用 【镜像】指令，将底部曲面往【Y】轴方向镜像，得到完整的顶部曲面。通过观察可以看到前脸这部分曲面并没有接好，如图7-38所示。

执行 【衔接曲面】指令，将其曲面衔接好，衔接参数如图7-39所示，并观察底部曲面前脸的整体效果。

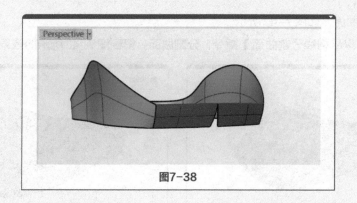

图7-38

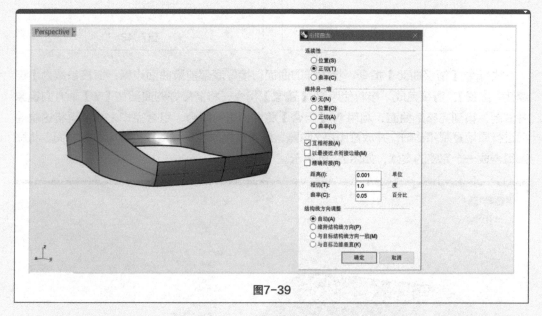

图7-39

组合底部所有曲面，变成多重曲面。执行 ⚙【将平面洞加盖】指令，对底部曲面部分进行加盖处理，如图7-40所示。

回到底部整体，创建曲面，将底部变成一个实体，如图7-41所示，执行 ❖【放样】指令，放样两曲面边缘。

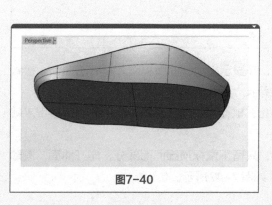

图7-40

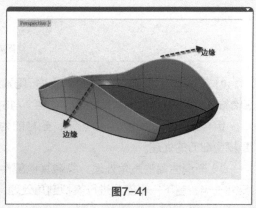

图7-41

放样得到曲面，如图7-42所示。

使用 ⊥【以结构线分割曲面】指令，分割曲面，得到图7-43所示的效果。

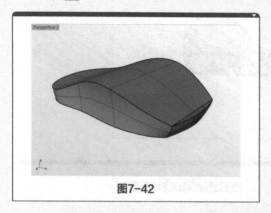

图7-42

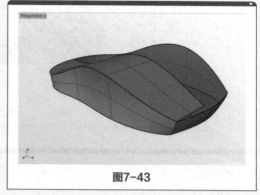

图7-43

执行 【衔接曲面】指令，将放样的曲面衔接好底部前脸曲面边缘，衔接参数为【连续性=位置】，衔接完成。接着使用 【镜像】指令，将衔接好的曲面往【Y】轴方向镜像并复制，得到完整的曲面，利用 【组合】将曲面进行组合，组合完毕之后，再将这块曲面进行原地复制和粘贴，并放置图层2隐藏，或者直接原地隐藏处理。继续组合曲面，将底部组合成一个完整的实体，如图7-44所示。

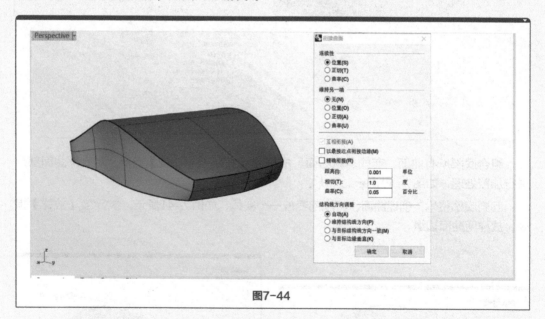

图7-44

⑬ 完善顶部曲面。将底部曲面进行隐藏，并显示出顶部曲面和刚才复制的曲面，检查复制的曲面是否和顶部曲面吻合，如图7-45所示。

组合顶部曲面如图7-46所示，到目前为止，鼠标的整体曲面已经全部完善，接下来就是模型细节的处理。

⑭ 渐消曲面的圆角处理。隐藏其他部件，只留下鼠标顶部曲面部分，炸开曲面，删除另外一半，留下一半部分进行模拟圆角处理，如图7-47所示。

执行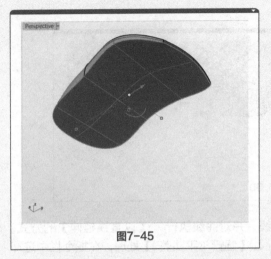【复制边缘】指令，得到曲线，并对曲线执行 /【以直线延伸】的方式，延伸一定的长度，使其超过曲面，如图7-48所示。

图7-45

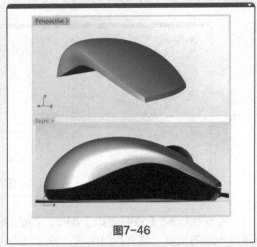

图7-46

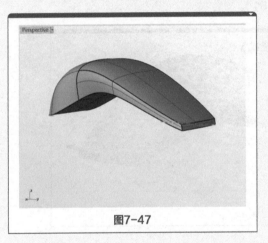

图7-47

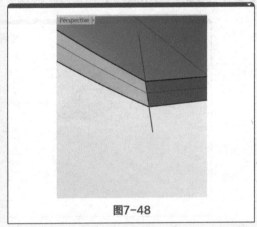

图7-48

将曲线进行 【圆管（平头盖）】处理，圆管系数为【半径=1】，接着利用圆管去分割曲面，执行 【分割】指令，删除废弃的物件，但是保留混接的曲线，最终效果如图7-49所示。

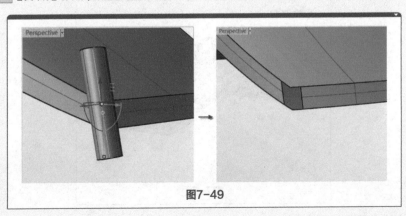

图7-49

使用 🔲【可调式混接曲线】指令混接出曲线，并进行 🔲【分割】处理，删除掉废弃的物件，执行 🔊【双规扫掠】指令进行补面并组合。需注意的是，双规扫掠时须使用混接出来的曲线并勾选【最简扫掠】（图7-50）。

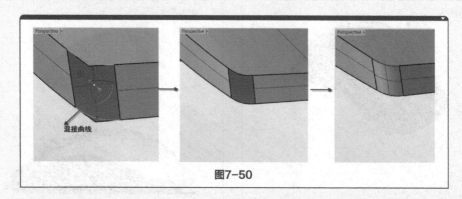

图7-50

再次执行 🔲【复制边缘】指令，得到曲线，并对曲线执行 ✏【以直线延伸】的方式，延伸一定的长度，使其超过曲面。将曲线进行 🟡【圆管（平头盖）】处理，在指令栏中选择【加盖＝无】。圆管系数为【半径＝0.5】（图7-51）。

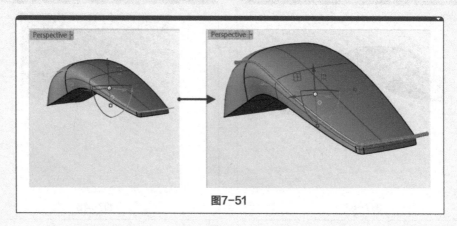

图7-51

接着，利用圆管去分割曲面，先使用 📐【炸开】指令再执行 🔲【分割】指令，删除废弃的物件，如图7-52所示。

图7-52

使用 🧩【组合】指令将曲面组合起来，打断边缘和组合曲面后，再进行 ↪【混接曲面】处理。如结构线发生混乱，可在进行【混接曲面】指令的时候点击【加入断面】，其他具体参数如图7-53所示。

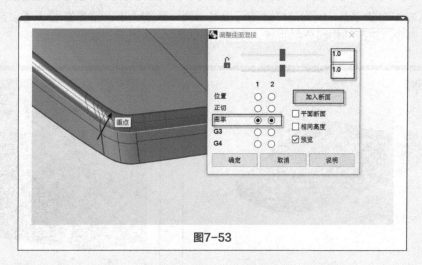

图7-53

混接完成，如图7-54所示，经仔细检查，发现尾部并没有接好。

执行 ↪【衔接曲面】指令，将其曲面衔接好，衔接参数为【连续性＝正切】，其他默认即可，衔接完成，并组合观看，着色显示。如图7-55所示。

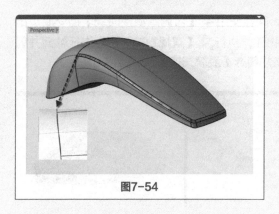

图7-54

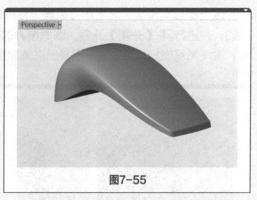

图7-55

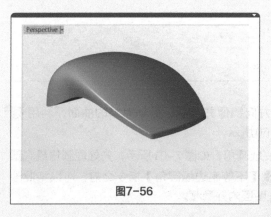

图7-56

用 🔁【镜像】指令，选择物件【Y】轴方向镜像并复制，得到完整的曲面，利用 🧩【组合】将曲面进行组合，组合完毕之后就完成顶部渐消曲面的圆角关系。如图7-56所示。

⑮ 底部圆角处理。跟前面的处理方法类似，首先隐藏顶部曲面部件，只留下鼠标底部曲面部分，执行 ⑭【炸开】指令炸开曲面，删除另外一半，在前面步骤中底部的那块曲面是通过执行 🔁【将平面洞加盖】指令

得到的曲面，故不能直接炸开成两部分，接下来使用⊥【以结构线分割曲面】指令分割曲面，删除废弃的曲面。整个底部曲面部分留下一半进行模拟圆角处理，如图7-57所示。

接下来，执行⊥【以结构线分割曲面】指令，参照前面步骤中可调式混接出来的曲线，曲线的两端作为参考点，因为这样才能切出与上面一致的大小，接着使用⊥【以结构线分割曲面】指令，进行结构线分割曲面，分割得到如图7-58所示的效果。

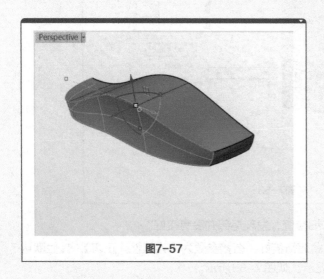
图7-57

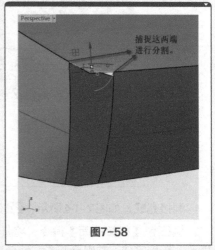
图7-58

这一步基本和前面的制作方法是一样的，同样使用◡【可调式混接曲线】指令混接出曲线，并进行⊥【分割】处理，删掉废弃的物件，执行₂◠【双规扫掠】指令进行补面并组合。需注意双规扫掠时须使用混接出来的曲线并勾选【最简扫掠】，如图7-59所示。

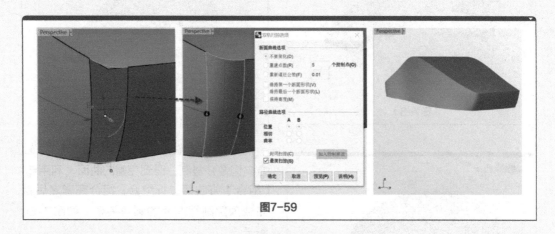
图7-59

用⬆【镜像】指令，选择物件【Y】轴方向镜像并复制，得到完整的曲面，利用⬥【组合】将曲面进行组合，组合完毕，如图7-60所示。

执行⬛【不等距边缘圆角】指令，继续完成圆角，如图7-61所示，先处理圆角最底部边缘，倒角系数为1。需注意的是，在使用⬥【不等距边缘圆角】指令之前，可以将此部件复制粘贴备份一份，接着建立新图层，放入图层内并隐藏。

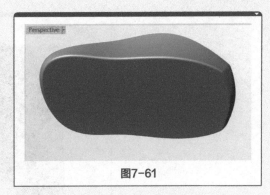

图7-60

图7-61

完成与顶部曲面模型部分的分模线圆角的处理，同样执行 ▦ 【不等距边缘圆角】指令，设置圆角系数为0.3，如图7-62所示。

⑯ 制作顶部曲面细节处理。绘制曲线，回到【Top】视图中，接着使用 ⟳ 【控制点曲线】指令，参照背景图绘制并调整曲线。在绘制好一条曲线之后，可以打开曲线的控制点，使用操作轴的移动轴并快按

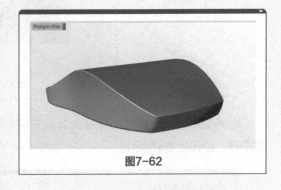

图7-62

【Alt】键，复制出一条曲线，另一侧则可以使用 ⫴ 【镜像】指令，镜像并复制得到模型。如图7-63所示。

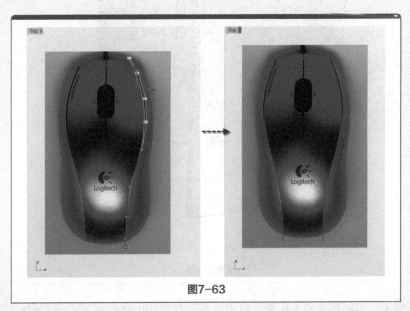

图7-63

参照底图继续绘制曲线，此处按钮部分形状较为规矩，可以使用 ▢ 【圆角矩形】指令，绘制出圆角矩形曲线并调整，接着再绘制直线段，通过修剪和组合完成此部分。最终曲线如图7-64所示。

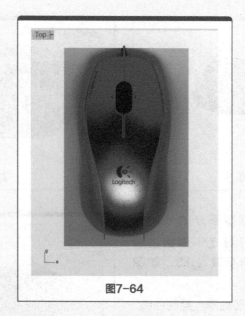

图7-64

　　曲线绘制完成，显示出顶部曲面，并将曲线做挤出曲线处理，挤出的长度超过顶部曲面即可，如图7-65所示。

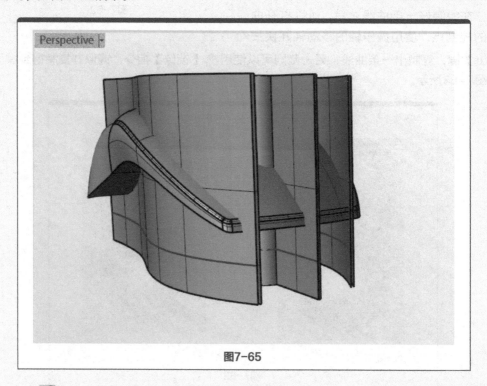

图7-65

　　执行 【布尔运算分割】指令，对上一步操作挤出的部件与顶部曲面进行布尔运算分割，得到所需模型细节部分，并删除废弃的模型部件（图7-66）。

　　进行模型分割线圆角处理，首先要执行 【不等距边缘圆角】指令圆滑此处圆角，圆角系数设定为0.3，与底部曲面部件的分模线圆角系数一致，如图7-67所示。

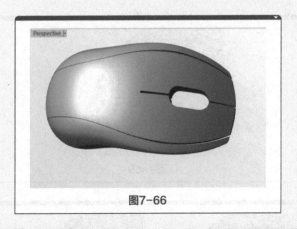

图7-66

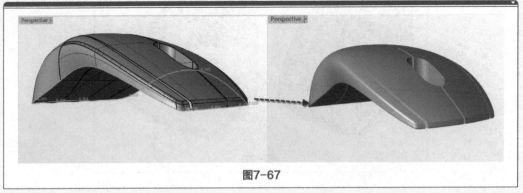

图7-67

继续完成圆角部分，如图7-68所示，执行 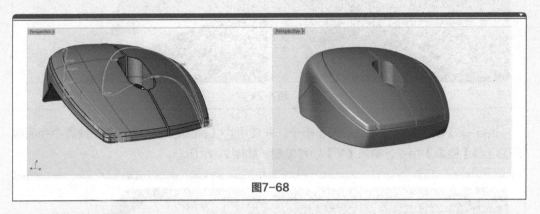 【不等距边缘圆角】指令，并按照先倒大角后倒小角的技巧，此处圆角系数输入0.2，并显示观看。

图7-68

⑰ 完成滚轮部分圆角。执行 【不等距边缘圆角】指令，并按照先倒大角后倒小角的技巧，先将此处圆角系数输入0.2，如图7-69所示。之后再执行 【不等距边缘圆角】指令，此处圆角系数输入0.1，完成圆角，如图7-70所示。

⑱ 制作滚轮部分。在【Right】视图中参照底部背景图绘制曲线，执行 【圆：中心点、半径】指令，绘制一个曲线圆，并在【Top】视图中调整其具体的位置关系，如图7-71所示。

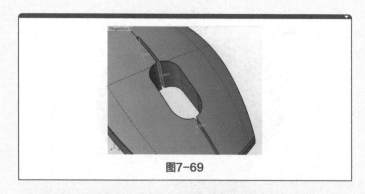

图7-69

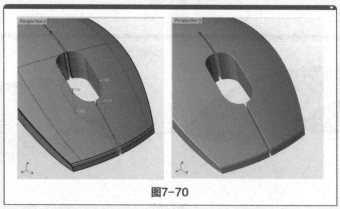

图7-70

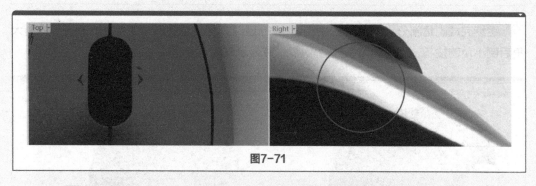

图7-71

执行 ⊙【以平面曲线建立曲面】指令，并使用 ◢【抽离结构线】指令，抽离中间曲线后使用 ▥【镜像】指令，镜像【Y】轴并复制。如图7-72所示。

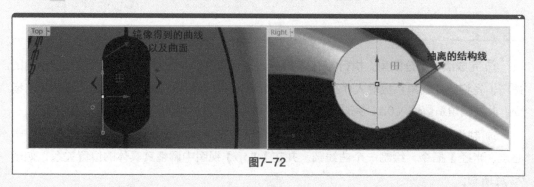

图7-72

参照背景图，使用【可调式混接曲线】指令，对前面抽离出来的结构线进行混接和调整。得到鼠标轮廓后，利用【旋转成形】指令对曲线进行360°构建，并对滚轮部分具体的位置和大小进行调整，对其曲面进行组合得到实体。如图7-73所示。

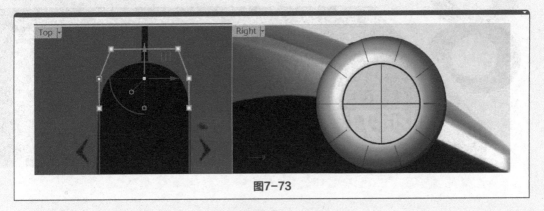

图7-73

⑲ 鼠标外观模型制作完成，最终结果如图7-74所示。

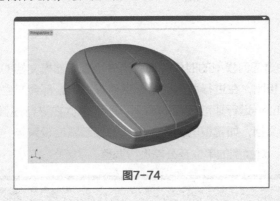

图7-74

CHAPTER 8

剃须刀建模案例

① 前期准备。在建任何模型的时候，都应当先检查好建模文档的环境以及公差，因为复杂模型与简单模型相比，在进行着色显示等操作行为下，都会产生较为巨大的面数，造成文件体积较大和Rhino运行速度变慢的后果。所以每次在进行建模前期的准备工作时，我们应当配置好基础文档，如建模的公差、模型的显示精度设置等。如图8-1所示，可以点击 ⚙ 【选项】指令，对模型的单位及公差进行调整。

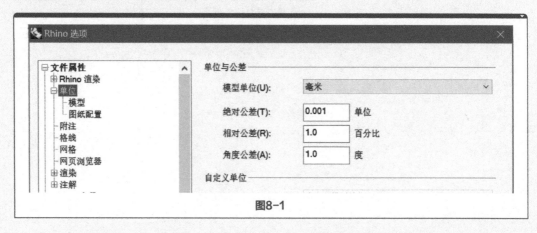

图8-1

② 导入背景图。首先在【Front】视图中，执行 🔲 【控制点曲线】指令，以原点为起始点绘制一根长为150mm的曲线。如图8-2所示。

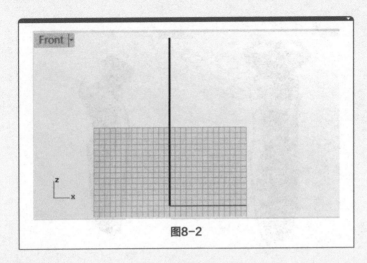

图8-2

点击 回【背景图】导入工具，本次建模案例分别在【Front】和【Right】视图中置入图片，置入完成后，选择 回【对齐背景图】选项指令，将背景图对齐到原先绘制好的曲线位置，放置好。因为此长度只作为剃须刀机身的长度，所以只需要对齐好机身位置即可，如图8-3所示。

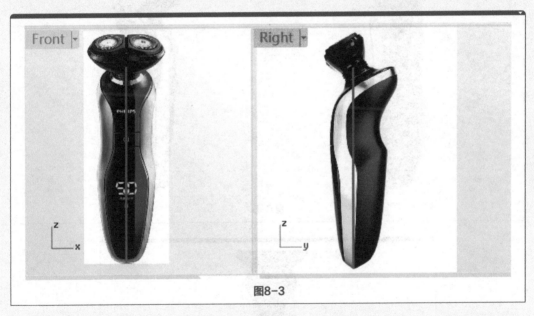

图8-3

③ 绘制曲线。在【Front】中开始绘制曲线，执行 【控制点曲线】指令，输入"0"即可在Rhino原点的位置开始绘制曲线，如图8-4左图所示，第2个与第1个点保持在同一直线的位置上。绘制完毕参考背景图图片调节相应的点的位置，并切换【Right】视图中进行调整。如图8-4右图所示。

在【Right】视图先复制并调整曲线，然后再回到【Front】进行相对应的位置调整，使得曲线基本逼近背景参考图，如图8-5所示。

复制并调整曲线。复制出刚才上一步调整好的曲线，并参照背景图进行调整，如图8-6所示。

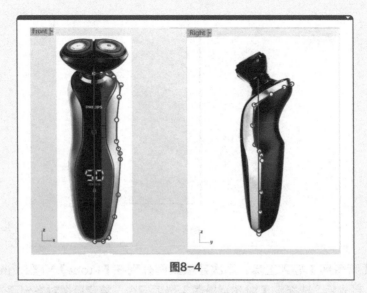

图8-4

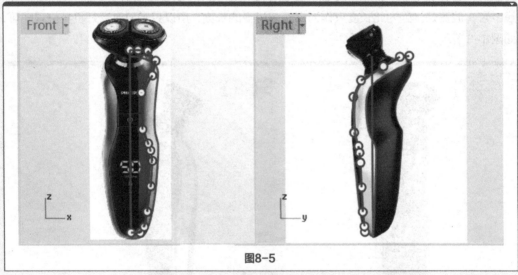

图8-5

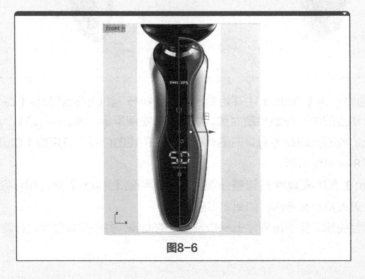

图8-6

④ 创建曲面，执行 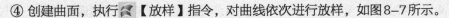 【放样】指令，对曲线依次进行放样，如图8-7所示。

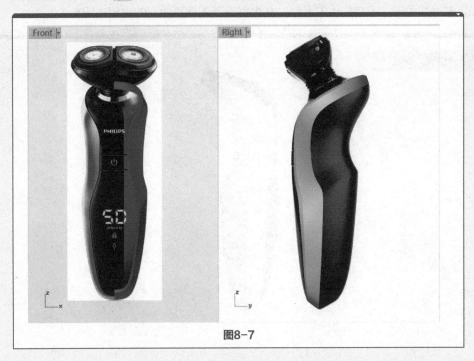

图8-7

调整曲面的形状，打开曲面控制点，执行 【UVN移动】指令，选中曲面中间的两排控制点，拖动【N】方向的数值，参照背景图调整出微弧的曲面即可（图8-8）。

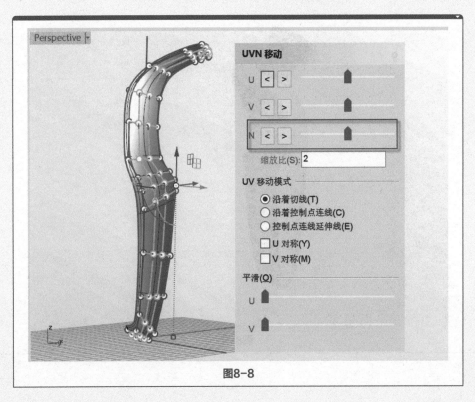

图8-8

　　选中曲线，将曲线放置于图层并隐藏。接着选择曲面，单击 ⚟【镜像】指令，通过镜像和复制得到曲面，观察整体的造型，并根据背景图调整曲面的位置（图8-9）。

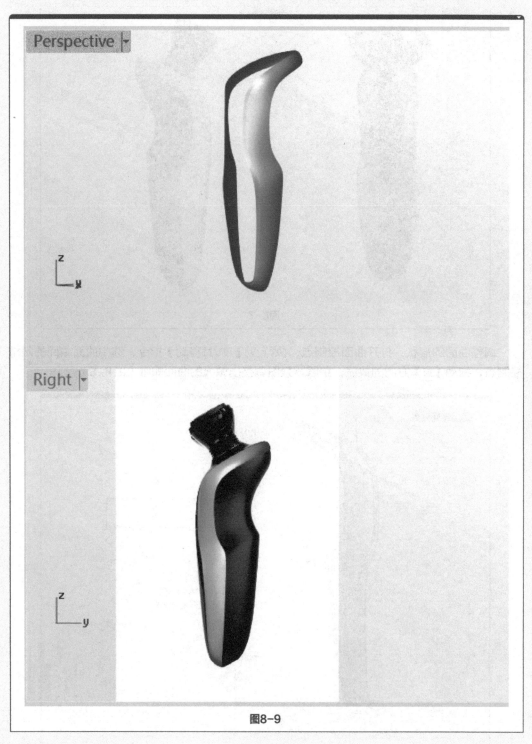

图8-9

制作前脸部分，执行 【放样】指令，对两曲面边缘进行放样，并打开曲面控制点，参照背景图调整曲面造型（图8-10）。

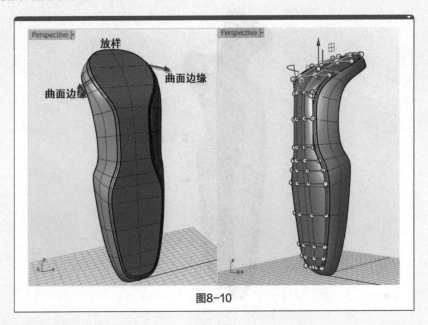

图8-10

最终结果如图8-11所示。

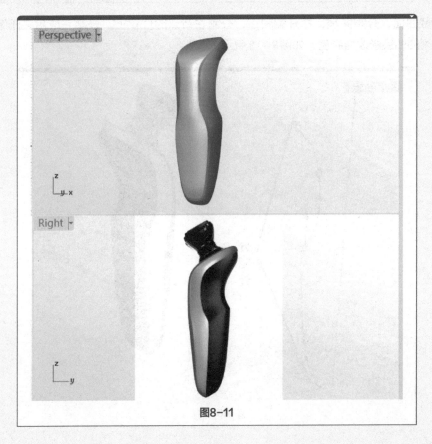

图8-11

⑤ 制作背部曲线与曲面。首先执行 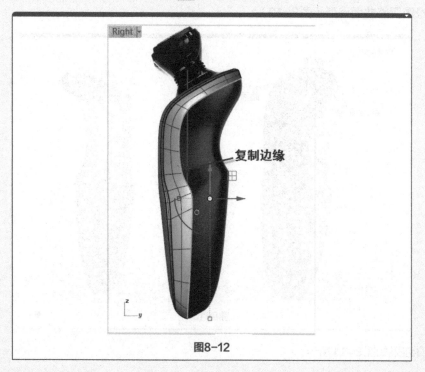【复制边缘】指令，如图8-12所示。

图8-12

隐藏曲面，分割曲线，打开编辑点，分割在节点的位置上。分割完成后关闭编辑点，并将分割的曲线修改为绿色，如图8-13所示。

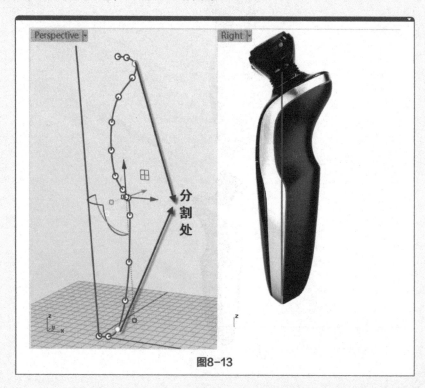

图8-13

使用【两点定位】指令，在指令栏中点选【复制＝是，缩放＝三维】，将红色曲线定位到参考图的背部轮廓，并打开曲线控制点，根据背景图形状调整背部曲线造型，调整后如图8-14所示。

图8-14

⑥ 建立机身后背曲面及圆角处理。曲线绘制完毕，可以看到有四条曲线，执行【双轨扫掠】指令，使用【双轨扫掠】时勾选【最简扫掠】即可建立最简曲面，便于后期调整控制点。打开控制点进行调整，如图8-15所示。

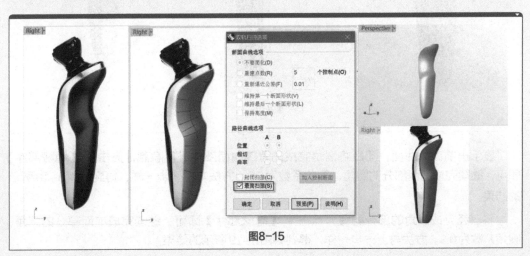

图8-15

调整完成，单击 ▥【镜像】指令，通过镜像和复制得到曲面，如图8-16所示，可以看到并没有达到连续性，执行 ▧【衔接曲面】指令，衔接参数见图8-16，按照图示内容将曲面进行匹配，达到光顺的曲面。

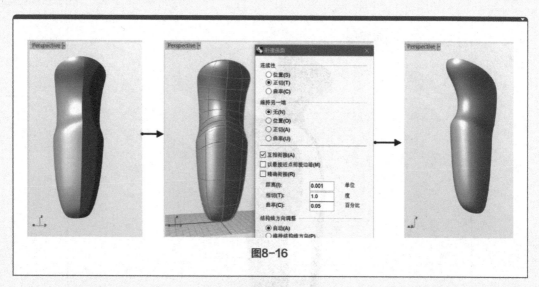

图8-16

显示前面隐藏的曲线，执行 ▧【放样】指令建立曲面。使用结构线分割曲面，删除废弃的曲面，使用 ▧【曲面圆角】指令，输入系数0.5，完成圆角（在使用圆角指令时，可以先将曲面拷贝一份备份至图层），如图8-17所示。

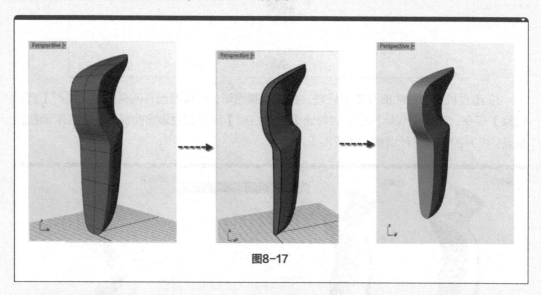

图8-17

显示出前面的曲面，随后将圆角完成的背部曲面部件进行隐藏，点击 ▨【隐藏部件】即可，继续完成前面部分的圆角，圆角系数为0.5。方法与上一步一样，得到如图8-18所示的结果。

将已经完成圆角的部分隐藏，点击 ▨【隐藏部件】即可。继续完成前面部分的圆角，圆角系数为0.3。方法与上一步一样，得到如图8-19所示的结果。

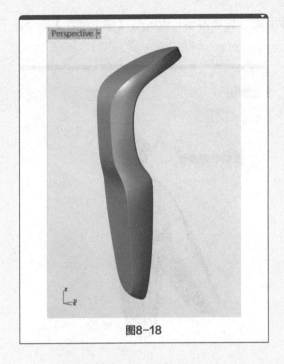

图8-18

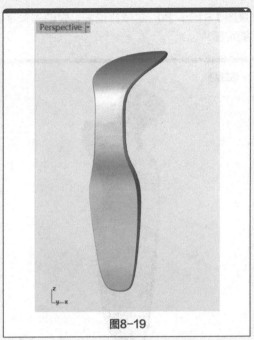

图8-19

　　隐藏其他已经圆角好的部件，执行 🔲【以结构线分割曲面】指令，将曲面分割成两部分，随后删除另一侧。执行 🔵【往曲面法线方向挤出曲线】指令，选择曲面边缘，生成一个倒角处理的曲面，如图8-20所示，圆角完成。

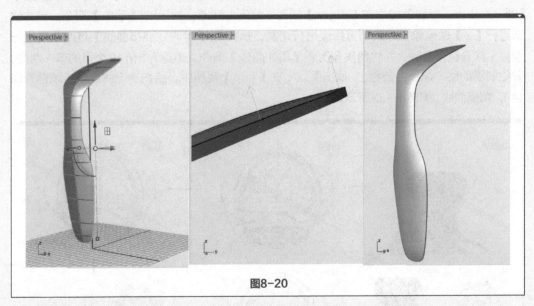

图8-20

　　底部曲面制作完成，显示出其他的部件，如图8-21所示。

　　⑦ 构建剃须刀刀头部分的细节处理。可以看到背景图中的刀头是倾斜的，为了便于作图，可以使用 🔳【帧平面】指令，按照底部背景图片的大小，导入进来，使用旋转指令对图片进行改动。如图8-22所示，在导图前就可以先绘制好参考曲线，并使用 🄵【隐藏背

景图】指令，暂时隐藏背景图，暂时用帧平面代替，旋转得到，点击🔒【锁定物件】指令，锁定图片。

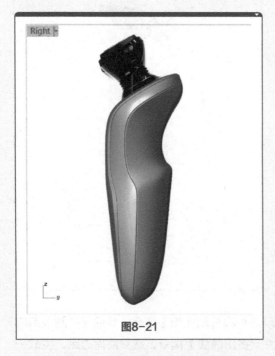

图8-21

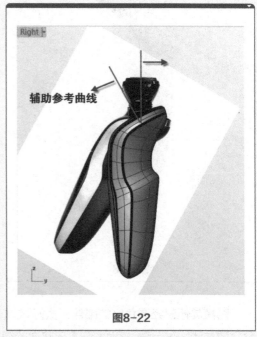

辅助参考曲线

图8-22

绘制刀头曲线。首先锁定剃须刀机身，点击🔒【锁定物件】指令即可；再使用⊙【圆：中心点、半径】指令在【Right】视图中绘制曲线圆，执行⚙【镜像】指令，将曲线圆进行【Y】轴镜像，并绘制直线段进行切割，执行😊【可调式混接曲线】将两曲线进行混接；接着组合曲线，并将曲线利用🔧【重建曲线】指令，重建为3阶18个点的单一曲线，并绘制辅助线（颜色为蓝色），找出重点；在【Top】视图中，绘制一个曲线圆（颜色为绿色），调整曲线。如图8-23所示。

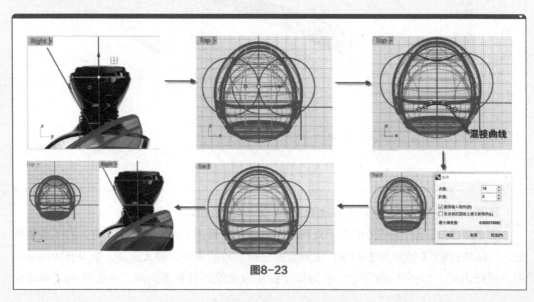

图8-23

执行 🖼【放样】指令，对两曲线建立曲面。放样时，在指令栏勾选【原本的】得到最简曲面，并调整曲面造型。点击 🖼【将平面洞加盖】指令，对放样曲面进行加盖处理。最终如图8-24所示。

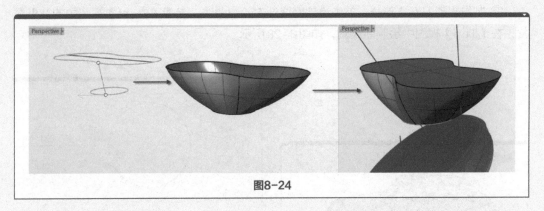

图8-24

选择 🖼【复制边缘】指令，复制边缘曲线，并在【Right】视图中调整位置，选择曲线，执行 🖼【挤出线】指令对曲线挤出曲面，然后对曲面进行 🖼【偏移曲面】操作，并在指令栏中输入【松弛=是】，最后复制边缘曲线，得到等距的并且属性一样的曲线（图8-25）。

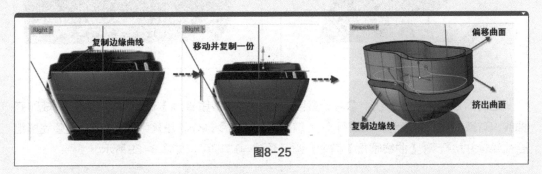

图8-25

对曲线执行 🖼【放样】指令，建立曲面。放样时，在指令栏上勾选【原本的】得到最简曲面，并调整曲面造型。接着点击 🖼【将平面洞加盖】指令，对放样曲面进行加盖处理。最终效果如图8-26所示。

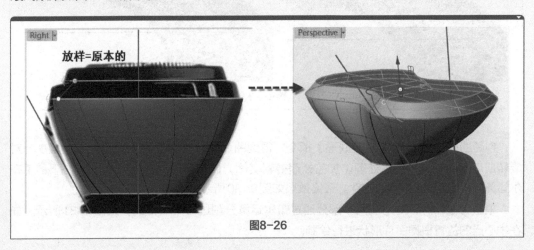

图8-26

下面的部分同理可得，选择复制边缘曲线，参照背景图挤出曲线，并向内松弛偏移一定的位置，以参考图为准。继续挤出曲线并作加盖处理，可以得到这块曲面，如图8-27所示。

⑧ 制作剃须刀网罩部分。首先绘制网罩外部轮廓曲线，参考【Front】视图中的背景图片，在【Top】视图中绘制曲线圆，如图8-28所示。

图8-27

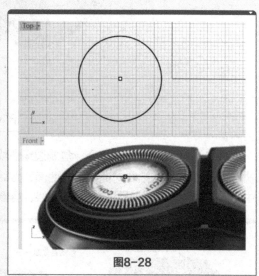

图8-28

绘制网罩轮廓基础曲线，参考背景图片使用 ⌒【多重直线】进行绘制，绘制完成炸开曲线，对需要调整弧度的曲线进行 【重建曲线】指令操作，重建为3阶4点，调整完毕组合曲线。并执行 ⌐【曲线圆角】指令，圆滑系数=0.3即可。如图8-29所示。

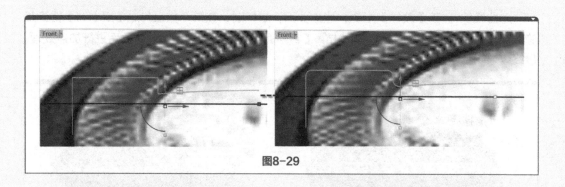

图8-29

创建曲面，使用 ▼【旋转成形】指令，得到曲面。点击 【将平面洞加盖】指令，对旋转成形的曲面进行加盖处理。加盖处理得到实体，显示出原先建立的部分，进行 【布尔运算分割】，删除废弃的物件。最终效果如图8-30所示。

根据背景图片，对刀头网罩部分通过布尔运算分割进行制作得到，如图8-31所示，先在中心点的位置根据图片形状进行绘制。

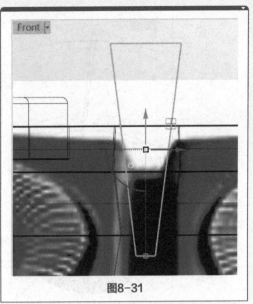

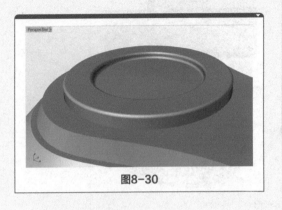

图8-30

图8-31

先隐藏其他部件。点击 【挤出曲线】指令。挤出曲线为实体，并执行 【布尔运算分割】指令，删除废弃的物件，得到如图8-32所示的结果。

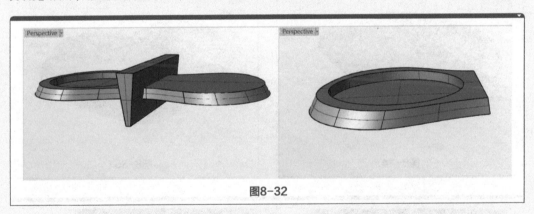

图8-32

⑨ 制作网罩孔洞纹理。首先隐藏其他部件，单独显示网罩曲面，绘制网罩孔洞曲线，并挤出，做好一个单元，接下来使用 【环形阵列】指令，得到所有孔洞造型，再执行 【布尔运算差集】指令，得到如图8-33所示的结果。

⑩ 刀头部分的圆角处理。对剃须刀刀头部分完成圆角处理，执行 【不等距边缘圆角】指令，设置倒角系数，如图8-34所示。

继续完成圆角处理，结果如图8-35所示（同样在进行圆角处理前需将物件备份一份放置于图层）。

⑪ 绘制曲线并做曲面圆角处理。根据图片，描绘造型，接着使用 【旋转成形】指令，得到曲面。点击 【将平面洞加盖】指令，对旋转成形的曲面进行加盖处理。加盖处理得到实体，执行 【不等距边缘圆角】指令，设置圆角系数为0.3，部件两端圆角系数为0.1。如图8-36所示。

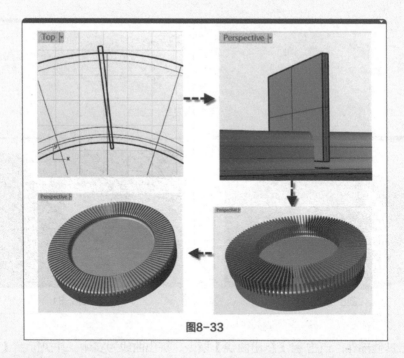

图8-33

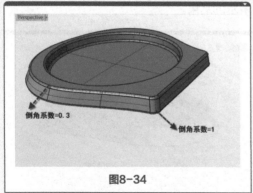

图8-34

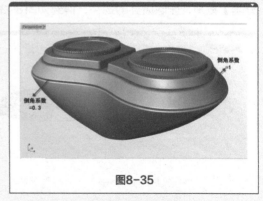

图8-35

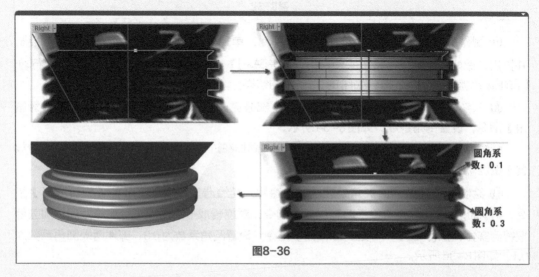

图8-36

刀头部分制作完成，执行 Ｆ【显示背景图】指令，将背景图片显示出来，隐藏使用 【帧平面】指令导进来的参考图，并根据原先绘制好的曲线，将刀头使用【2D 旋转】指令 旋转到背景图相对应的位置，如图 8-37 所示。

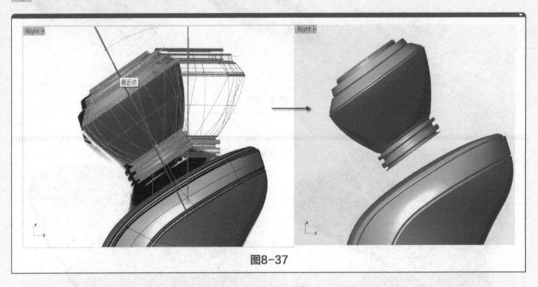

图8-37

⑫ 绘制曲线。在【Right】视图中使用 【圆：中心点、半径】指令，在指令栏中设置【垂直=P】【两点=0】，绘制完毕，并在其他视图调整好具体的位置（图8-38）。

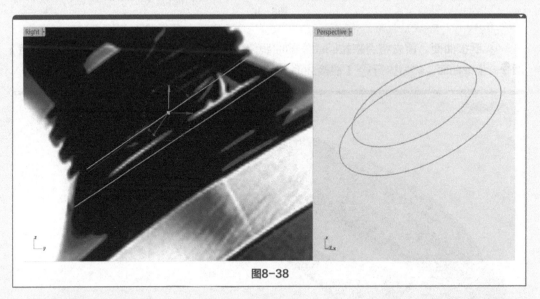

图8-38

放样成面，点击 【放样】指令，对两曲线进行放样，得到曲面。点击 【将平面洞加盖】指令，对放样的曲面进行加盖处理。加盖处理得到实体，执行 【不等距边缘圆角】指令进行处理，倒角系数为 0.1（图8-39）。

⑬ 制作机身与刀头的连接面。将曲线等比放大后，点击 【拉回曲线】指令，拉回曲线到曲面上，并作 【分割】处理，删除废弃的曲面（图8-40）。

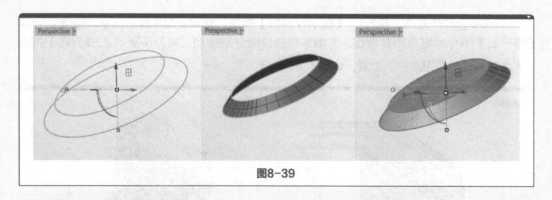

图8-39

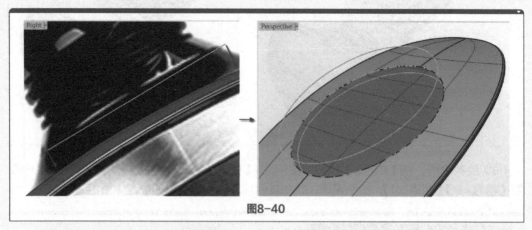

图8-40

⑭ 混接曲面。首先将用来拉回曲线的曲线建立曲面，点击 ⊙【以平面曲线建立曲面】指令，生成曲面。然后执行 ⤴【混接曲面】，如图8-41所示。

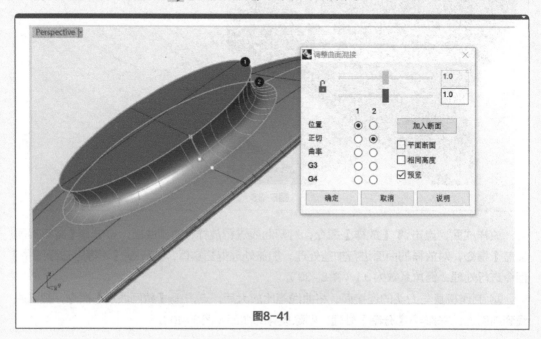

图8-41

⑮ 调整曲面，执行 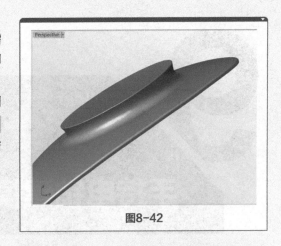【组合】指令。组合曲面。执行【不等距边缘圆角】指令，进一步处理，设置倒角系数为0.1，如图8-42所示。

⑯ 制作剃须刀按钮。隐藏其他部件，回到【Front】视图中，绘制曲线，点击【矩形：角对角】指令，根据背景图进行绘制，执行【挤出曲线】指令，挤出实体，并作【布尔运算分割】指令，分割完毕，执行【不等距边缘圆角】指令进行处理，倒角系数为0.1。得到如图8-43所示的结果。

图8-42

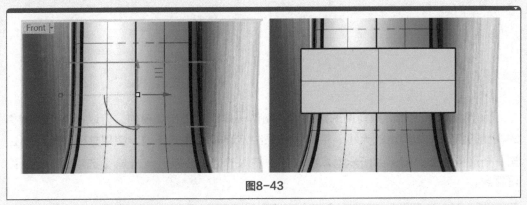

图8-43

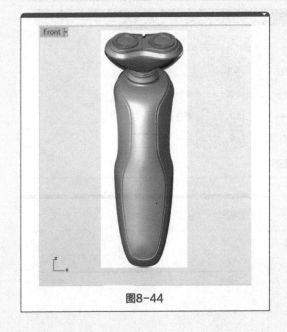

图8-44

⑰ 整体外形制作完成，曲面着色效果如图8-44所示。

CHAPTER 9

手持电钻建模案例

① 建模准备工作。跟前面的建模案例制作一样，在进行建模前，可以根据需要建模的模型的特点，如模型的大小、精细程度来决定建模文件的环境，使建立模型的环境达到一个最佳状态。图9-1所示为本次建模的基本单位与公差。点击 ❤【选项】指令，即可看到。

Rhino 选项			✕
文件属性		单位与公差	
Rhino 渲染		模型单位(U)：	毫米
单位		绝对公差(T)：	0.001　单位
附注		相对公差(R)：	1.0　百分比
格线		角度公差(A)：	1.0　度
网格			
网页浏览器			
渲染			
注解			

图9-1

② 导入背景图。首先可以绘制一根大约长为100mm的长直线，在【Front】的原点开始绘制，执行 ✒【直线：从中心点】指令，输入数值50即可，如图9-2所示。

使用 ▣【背景图】指令，将图片置入【Front】视图中，在指令栏中设置灰阶=否。并使用 ▣【对齐背景图】指令对齐于原先绘制好的曲线，切记首尾两段与背景图要

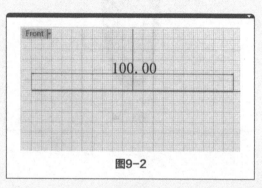

图9-2

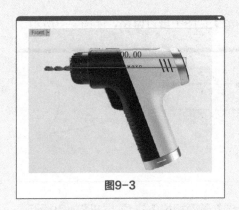

图9-3

吻合。如图9-3所示。

③ 绘制曲线。点击执行 ⊙【圆：中心点、半径】指令，绘制曲线圆。在指令栏中先点击指令参数【垂直的=V】，再选择指令参数【两点=P】，如图9-4所示。

继续根据背景图绘制曲线，执行【控制点曲线】指令，绘制一根3阶5点的控制点曲线，如图9-5所示。

④ 编辑调整曲线。切换到【Perspective】视图中，观察并调整曲线，首先将曲线进行分割。左键点击 ⊥【分割】指令，进行分割。如图9-6所示，删除不要的部分，因为这是一个左右对称的图像，所以在绘制的时候选择绘制好一半，待绘制完毕执行 ⫴【镜像】指令，进行镜像复制得到整体。最后将对曲线圆进行 ⚙【重建曲线】操作，重建为3阶5点的半圆曲线。

图9-4

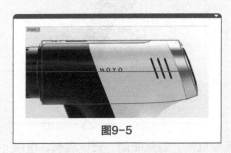

图9-5

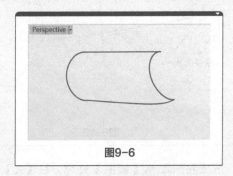

图9-6

⑤ 建立曲面。使用 ⚙【双规扫掠】进行曲线成面，注意勾选【最简扫掠】选项。得到的曲面如图9-7所示。

可以看到，直接双规出来的曲面中间较为突出，下面进行优化曲面操作。可以通过调整控制点的形状去逼近参考图的造型，也可以执行 ⚙【抽离结构线】指令，抽离出曲面的结构线，如图9-8所示。

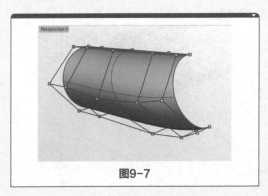

图9-7

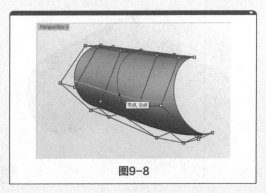

图9-8

删除曲面，调整曲线的控制点位置，切换到【Top】视图中进行调整，如图9-9所示。

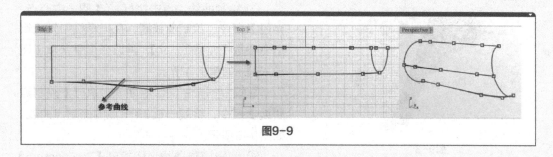

图9-9

重新对曲线进行 🔍【双规扫掠】成面，同样勾选【最简扫掠】选项。如图9-10所示，因为路径只能允许两条，所以将曲线半圆作为路径曲线。

双规得到曲面，如图9-11所示。

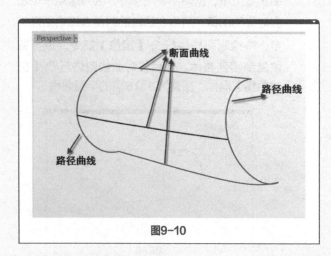

图9-10

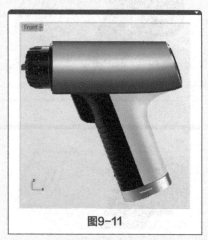

图9-11

选择曲面做 ⚙【镜像】处理，往【X】轴方向镜像复制，得到曲面。显示观看，可以发现连续性并没有达到要求，故进行对称处理的时候面与面之间会有瑕疵，所以应当执行 🔄【衔接曲面】指令，改变曲面的连续性，衔接的连续性＝相切，维持另一端＝无，维持结构线方向＝自动，并勾选互相衔接即可，如图9-12所示。

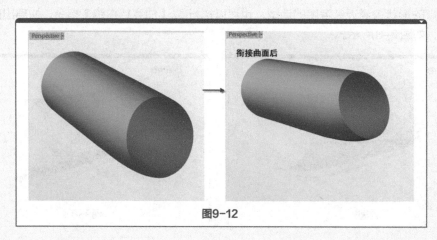

图9-12

⑥ 绘制把手轮廓曲线。回到【Front】视图中，根据背景图，绘制曲线，如图9-13所示。

绘制把手断面曲线，可以看到把手并非是圆的，而是稍微趋向于圆角矩形的形状，首先绘制出把手断面曲线的参考线，如图9-14所示。

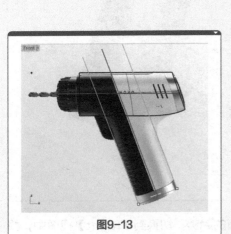

图9-13

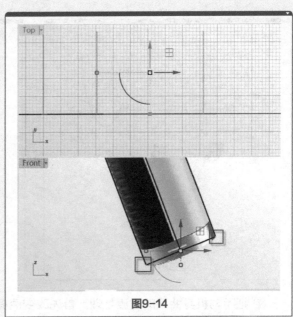

图9-14

点击 【可调式混接曲线】指令，混接并调整曲线，如图9-15所示。

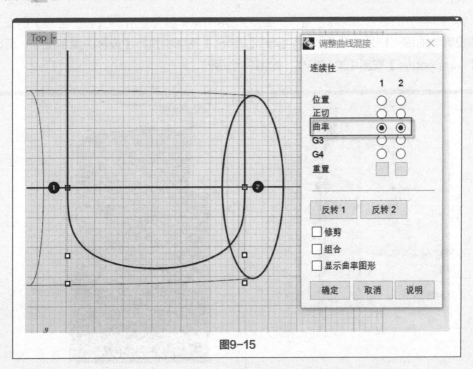

图9-15

选择曲线，执行 【插入节点】指令，在曲线中点的位置插入一个节点，调整完成，并切换到【Front】视图中，执行 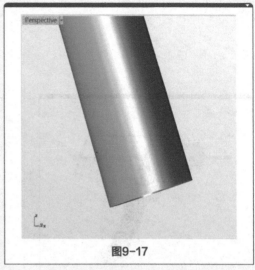【挤出曲线】得到把手曲面，如图9-16所示。

同样选择曲面做 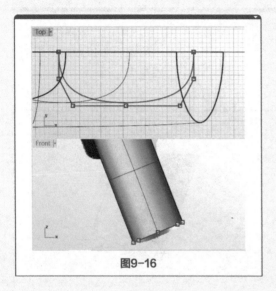【镜像】对称处理，往【X】轴方向镜像复制，得到曲面。显示观看，如图9-17所示。

图9-16

图9-17

⑦ 把手与机身曲面的过渡处理。首先改变曲面的趋势，切换到【Right】视图中，找到最右端的位置，绘制出箭头出的曲线，接着使用 【可调式混接曲线】指令，混接并调整曲线，如图9-18所示。

将把手部分的最右边与曲线重合，如图9-19所示，首先使用 【投影曲线】指令，将曲线投影到曲面上作为辅助曲线，切换到【Front】视图中执行【投影曲线】指令，再切换到【Perspective】视图中进行观察，如图9-19所示。

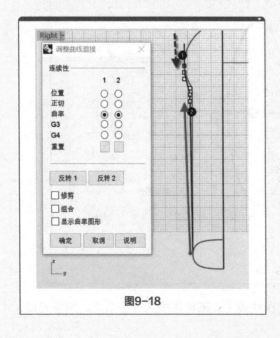

图9-18

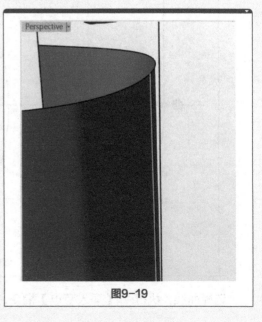

图9-19

打开控制点，执行 ▮【单轴缩放】指令，将曲面缩放至与曲线重合，如图9-20所示。

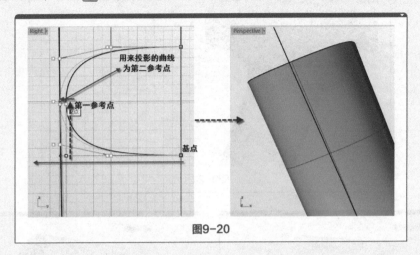

图9-20

回到【Front】视图中绘制曲线，使用 ◔【可调式混接曲线】指令，混接曲率，调整曲线，根据背景图来描绘造型。左侧同理可得。如图9-21所示。

绘制并调整曲线，执行【控制点曲线】指令，绘制并调整相应的造型，如图9-22所示。

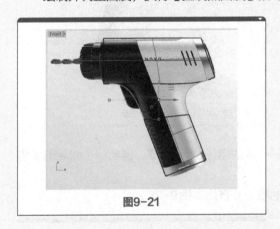

图9-21

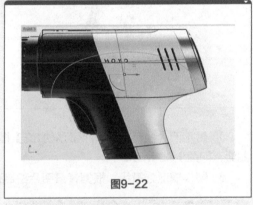

图9-22

进行修剪，执行 ◣【修剪】指令，将绘制好的曲面进行修剪，得到如图9-23所示的结果。

修剪完成，执行 ◐【混接曲面】指令，进行过渡曲面的连接。如图9-24所示，加入断面，调整曲面的造型。

混接完成，着色显示观看，如图9-25所示。

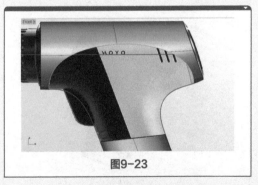

图9-23

混接完成后将曲面做 ◭【镜像】处理，往【X】轴方向镜像复制，得到曲面，显示观看，并作对过渡面做【衔接曲面】处理，衔接参数为衔接的连续性＝相切，维持另一端＝无，维持结构线方向＝自动，勾选互相衔接，并进行曲面组合，如图9-26所示。

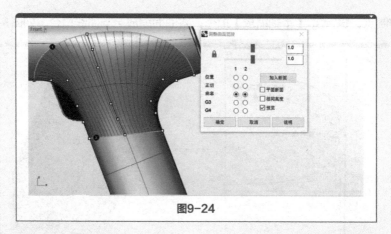

图9-24

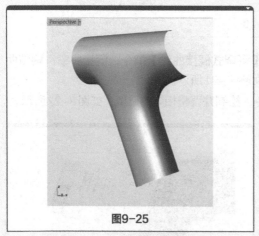

图9-25

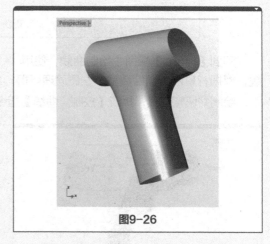

图9-26

⑧ 封平面。执行 【将平面洞加盖】指令，对模型做加盖处理，得到一个封闭的多重曲面，如图9-27所示。

⑨ 制作模型分模线，根据背景图片绘制曲线，并挤出（图9-28）。

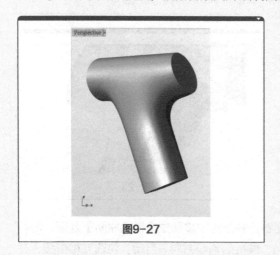

图9-27

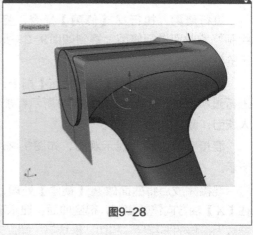

图9-28

剩余分模线同理可得。接着执行 【布尔运算分割】指令，进行分割。实体分割完成，删除曲面，并作 🧊【不等距边缘圆角】处理，倒角系数=0.2。在此需注意倒角的顺序与技巧，三边交汇的则需要框选中边缘一起执行圆角处理。如图9-29所示，倒角完成。

⑩ 制作顶部细节处理。绘制曲线，执行【控制点曲线】指令，只需绘制一侧即可，另一侧可以通过 🪞【镜像】得到。并对曲线接口执行 ⋀【多重直线】指令，进行连接。如图9-30所示。

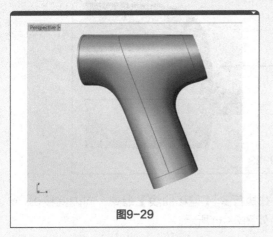

图9-29

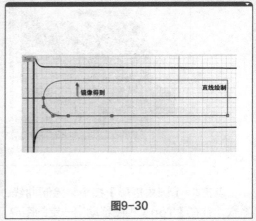

图9-30

选择曲线，分别进行 👜【拉回曲线】指令，在指令栏中点击【松弛=是】。拉回完毕接着组合曲线，并利用曲线对曲面进行【分割】，分割完成，删除废弃的曲面，如图9-31所示。

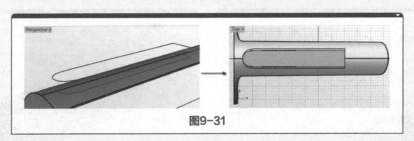

图9-31

放样曲面，选择拉回至曲面上的曲线，接着利用【以结构线分割曲面】指令将曲面进行分割并缩回，执行【衔接曲面】将曲面进行匹配，衔接参数为连续性=正切，其他默认即可，效果如图9-32所示。

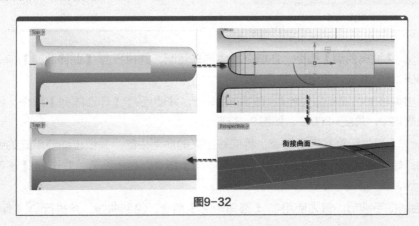

图9-32

⑪ 绘制并调整曲线。执行【控制点曲线】指令，根据背景图，进行描绘，使用【旋转成形】指令得到曲面，选择使用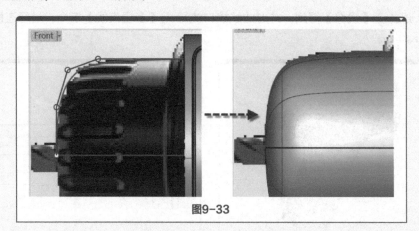【将平面洞加盖】指令，对模型做加盖处理，得到一个封闭的多重曲面，如图9-33所示。

图9-33

点击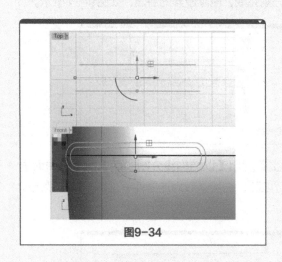【圆角矩形】指令，绘制曲线，并执行【偏移曲线】指令，向内偏移0.3个系数，并在【Top】视图移动出一定的距离，如图9-34所示。

放样偏移的曲线，得到曲面。并使用【将平面洞加盖】指令，对模型做加盖处理，得到一个封闭的多重曲面，如图9-35所示。

图9-34

图9-35

点击【抽离曲面】指令，在指令栏中选择复制，并执行【偏移曲面】指令，将曲面向内偏移1.5个系数，如图9-36所示。

显示出偏移的曲面和原先绘制好的细节单元，并使用【环形阵列】指令，将单元阵列输入系数=20，角度=360°，如图9-37所示。

点击【布尔运算差集】指令，将偏移出来的曲面去除，并做出细节单元的弧面，接着显示出原始轮廓曲面，使用【布尔运算差集】指令，做出细节，并作【不等距边缘圆角】处理，倒角系数=0.2，如图9-38所示。

⑫ 绘制把手细节。首先使用【圆角矩形】指令，绘制曲线，并执行【偏移曲线】

指令，向内偏移0.5个系数。在【Front】视图中进行分割，如图9-39所示。

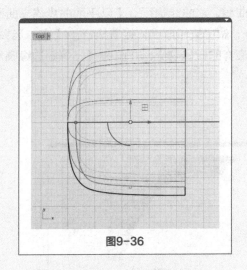

图9-36

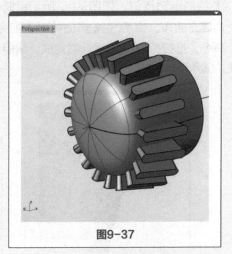

图9-37

图9-38

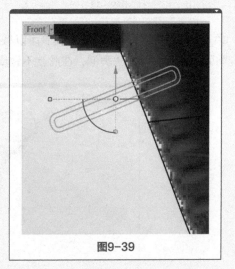

图9-39

　　删除废弃的曲面，将曲面执行 ⚙【偏移曲面】指令，将曲面向内偏移0.4个系数，并执行【混接曲面】指令，进行曲面连接，调整结构线方向，加入断面。最后组合曲面，如图9-40所示。

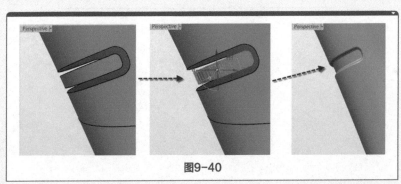

图9-40

剩余的把手细节同理可得，如图9-41所示。

⑬ 绘制电钻按钮。如图9-42所示绘制曲线，对曲线执行 ◎【以平面曲线建立曲面】指令，建立曲面。使用 ◙【挤出曲面】指令，做出按钮厚度，接着执行 ◈【布尔运算分割】指令，进行分割。实体分割完成，删除废弃的模型物价，并作 ▣【不等距边缘圆角】处理，倒角系数=0.5。

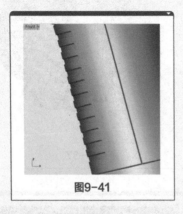

图9-41

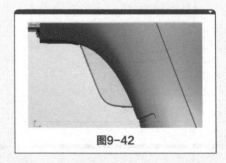

图9-42

⑭ 电钻整体细节构建完成，读者可以根据其他角度参考图片制作出底座细节，底座细节与前面制作的案例方法类似，在此就不做演示了，模型最终效果如图9-43所示。

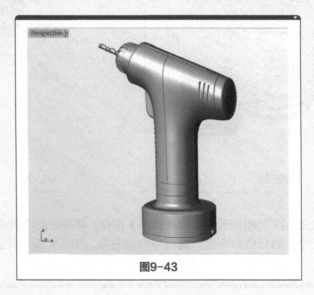

图9-43